计算机应用基础案例教程

丁春晖　王金社　主编

科学出版社

北　京

内 容 简 介

本书通过大量的实例,系统讲述组装计算机、Windows 7 基本操作、中文文字处理软件 Word 2010 的使用、中文电子表格软件 Excel 2010 的使用、中文电子演示稿软件 PowerPoint 2010 的使用、计算机网络应用基础。本书内容翔实,结构清晰,图文并茂,强调实践操作,突出应用技能的训练。通过大量的案例和练习,读者可快速有效地掌握实用技能。

本书适合作为普通高等学校计算机应用基础课程的教材、计算机技术培训班的教材,也可供不同年龄层次的电脑初学者和广大电脑爱好者使用。

图书在版编目 (CIP) 数据

计算机应用基础案例教程/丁春晖,王金社主编.—北京:科学出版社,2015
ISBN 978-7-03-045532-1

Ⅰ.①计… Ⅱ.①丁…②王… Ⅲ.①电子计算机-高等学校-教材 Ⅳ.①TP3

中国版本图书馆 CIP 数据核字 (2015) 第 196020 号

责任编辑:石 悦 / 责任校对:胡小洁
责任印制:徐晓晨 / 封面设计:华路天然工作室

科 学 出 版 社 出版
北京东黄城根北街 16 号
邮政编码:100717
http://www.sciencep.com

北京虎彩文化传播有限公司 印刷
科学出版社总发行   各地书店经销
*
2015 年 8 月第 一 版   开本:720×1000 1/16
2018 年 7 月第四次印刷   印张:13 1/4
字数:283 000
定价:39.00 元
(如有印装质量问题,我社负责调换)

前　言

随着科学技术的日新月异,计算机技术的发展更是突飞猛进。信息化社会对人才素质的培养和知识结构提出了全新的要求。高等学校的计算机基础教育必须面向信息化社会的要求。鉴于此,教材的编写要有利于学生信息处理综合素质的培养,重在培养学生的动手能力、思维能力和创新能力。

本着"学用结合"的原则,力求从实际应用的需要出发,我们在教学方法、教学内容以及教学资源上都做出了自己的特色。本书的编者都是长期在第一线从事计算机教学的教师,有着丰富的教学经验,对高校学生的特点和学习规律有着深入的了解。在编写过程中,尽量减少枯燥死板的理论概念,加强应用性和可操作性的内容,把理论知识融化在实际案例中,坚持基础、技巧、经验并重,理论、操作、案例并举,让读者学以致用、学有所成。

本书结合我们多年的计算机基础教学经验,充分强调实践操作,因此各种软件的操作方法都通过操作实例来进行,不泛泛论述。在操作实例中列出详细的操作步骤,学生根据操作实例上机练习,能很快掌握操作方法。

本书的教学目标是循序渐进地帮助学生快速掌握计算机的组装、Windows 7 操作系统、办公自动化软件 Office 2010、网络基础及 Internet 应用等知识。全书共 6 章,具体内容如下:

第 1 章　组装计算机,通过操作实例介绍组装一台计算机的方法,包括硬件的组装和软件的安装,从组装过程的实例中学习计算机的基本构成、计算机的基本硬件组成及各个部分的功能、计算机的发展等计算机基础知识。

第 2 章　Windows 7 基本操作,通过操作实例,学习 Windows 7 的桌面、管理计算机中的文件与文件夹、使用 Windows 7 的控制面板和附件等知识。

第 3 章　中文文字处理软件 Word 2010 的使用,通过操作实例,主要学习利用 Word 2010 编辑文档、美化文档、处理表格及图文混排的方法,实现"所见即所得"的编辑排版效果。

第 4 章　中文电子表格软件 Excel 2010 的使用,通过操作实例,主要学习 Excel 2010 的基本操作、表格的操作以及数据编辑、数据统计等内容。

第 5 章　中文电子演示文稿软件 PowerPoint 2010 的使用,通过操作实例,学习如何建立演示文稿,怎样管理、修改、美化幻灯片,以及如何放映幻灯片等内容。

第 6 章　计算机网络应用基础,系统地介绍计算机网络的概念、网络计算研究与应用的发展、数据通信的基础知识、计算机网络的体系结构、Internet 的发展与应用以及信息系统安全等内容。

本书内容翔实,结构清晰,图文并茂,力求通俗易懂,通过大量的案例,读者可快速有效地掌握实用技能。

本书由丁春晖、王金社主编,吴立春、闫静、胡俊、刘东、刘凯参编。由于时间仓促,编者水平有限,疏漏与不足之处在所难免,希望读者批评指正。

编　者

2015 年 6 月

目　　录

第1章　组装计算机

学习第一章,要求掌握计算机的基本构成,熟悉计算机的基本硬件组成及各部分的功能,了解计算机的发展,组装一台计算机。

1.1　认识计算机

计算机,是由电子元器件组成的机器,具有计算和存储信息的能力,在处理信息时采用"存储程序"工作原理,按照事先存储的程序,自动、高速地进行大量数值计算和各种信息处理的现代化电子装置。"存储程序"工作原理是 1946 年由美籍匈牙利数学家冯·诺依曼和他的同事们在一篇题为"关于电子计算机逻辑设计的初步讨论"的论文中提出并论证的。这一原理确立了现代计算机的基本组成和工作方式。其主要思想如下:

(1)计算机硬件由运算器、控制器、存储器、输入设备和输出设备五个基本部分组成。

(2)计算机内部采用二进制来表示程序和数据。

(3)采用"存储程序"的方式,将程序和数据放入同一个存储器中(内存储器),计算机能够自动高速地从存储器中取出指令加以执行。

计算机硬件的基本组成和工作方式,如图 1-1 所示。

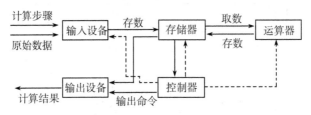

图 1-1　计算机硬件的基本组成和工作方式

图 1-1 中实线为程序和数据,虚线为控制命令。计算步骤的程序和计算中需要的原始数据,在控制器输入命令的控制下,通过输入设备送入计算机的存储器存储。当计算开始的时候,在取指令的作用下把程序指令逐条送入控制器。控制器向存储器和运算器发出取数命令和运算命令,运算器进行计算,然后控制器发出存数命令,计算结果存放回存储器,最后在输出命令的作用下通过输出设备输出结果。

输入设备的功能是将要加工处理的外部信息送入计算机系统。计算机能接受多种类型数据的输入,例如用于计算的数字,图形、文档里的单词和符号、来自麦克风的音频信号以及计算机程序等。输入设备(如键盘或鼠标)收集输入信息,并把它们转化成一系列电信号以备计算机存储或操作。输出设备的功能是将信息从计算机的内部形式转换为使用者所要求的形式,以便能为人们识别或被其他设备所接收。存储器的功能是用来存储以内部形式表示的各种信息。运算器的功能是对数据进行算术运算和逻辑运算。控制器的功能则是产生各种信号,控制计算机各个功能部件协调一致地工作。

运算器和控制器在结构关系上非常密切,它们之间有大量信息频繁地进行交换,共用一些寄存单元,因此将运算器和控制器合称为中央处理器(CPU),将中央处理器和内存储器合称为主机,将输入设备和输出设备称为外部设备。由于外存储器不能直接与 CPU 交换信息,而它与主机的连接方式和信息交换方式与输出设备和输入设备没有很大差别,因此,一般地把它列入外部设备的范畴,外部设备包括输入设备、输出设备和外存储器;但从外存储器在整个计算机的功能看,它属于存储系统的一部分,也称为辅助存储器。

从外观上看,计算机由主机、显示屏幕、键盘、鼠标、音箱等部件组成。除了这些"硬件"之外,计算机还必须安装"软件"才能工作。打开电源后,计算机的硬件和软件就开始协调运行,共同完成所需要的工作。硬件就是实际的物理设备,主要包括运算器、控制器、存储器、输入设备和输出设备五部分。软件是指为解决问题而编制的程序及其文档。计算机系统由硬件系统和软件系统两大部分组成。

一个完整的计算机系统构成如表 1-1 所示。

表 1-1   计算机系统构成

计算机系统	硬件系统	主机	中央处理器 CPU	控制器
				运算器、寄存器等
			内(主)存储器	只读存储器(ROM)
				随机存储器(RAM)
				高速缓冲存储器(Cache)
		外部设备	输入设备	键盘、鼠标、光笔、扫描仪、触摸屏、数字化仪、条形码读入器、数码相机等
			输出设备	显示器、打印机、绘图仪等
			外(辅助)存储器	软盘、硬盘、光盘、磁带、USB 闪存等
			其他	网络设备(网卡、调制解调器等)、声卡、显卡等
	软件系统	系统软件	操作系统	DOS、UNIX、OS/2、Windows、Linux、Macintosh 等
			程序设计语言	机器语言、汇编语言、高级语言(BASIC 语言、C 语言、Java 语言等)和语言处理程序
			数据库管理系统	Oracle、Sybase、IBM DB2、SQL Server
			网络软件	网络视频软件、网络营销软件、浏览器、下载软件等
			系统服务程序	界面工具程序、编辑程序、连接装配程序、诊断程序等
		应用软件		文字处理、电子表格、图像处理、网络通信等软件及用户程序

1.2　初识硬件

一般计算机主机箱(图 1-2)的内部附件主要包括以下几个部分:主板、CPU、内存、硬盘(图 1-3)、显卡、光驱(图 1-4)、电源。

图 1-2　电脑机箱外观　　　　图 1-3　硬盘　　　　　　图 1-4　光驱

如图 1-5 所示,计算机机箱的内部一般分成 4 个区域:A. 放置主板的位置(CPU/内存/显卡/PCI 配件都连接在主板上);B. 放置电源的位置;C. 一般为放置光驱(CD-ROM/DVD-ROM/刻录机)的位置;D. 放置硬盘的位置。

图 1-5　电脑机箱内部空间构架

1.2.1　主板

主板,又称为主机板(Main Board)、系统板(System Board)或母板(Motherboard)。它安装在机箱内,是计算机最基本的,也是最重要的部件之一,因为其他所有配件都需要连接在硬盘上才能工作。

主板一般为矩形电路板,上面安装了组成计算机的主要电路系统。一般有 BIOS 芯片、I/O 控制芯片、键盘和面板控制开关接口、指示灯插接件、扩充插槽、主板及插卡的直流电源供电接插件等元件。主板的一大特点是采用了开放式结构,主板上有 2~8 个扩展插槽,供计算机外围设备的控制卡(适配器)插接。通过更换这些插卡,可以对计算机的相应子系统进行局部升级,使厂家和用户在配置机型方面有更大的灵活性。

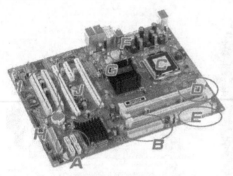

图 1-6　主板

总之,主板在整个计算机系统中扮演着举足轻重的角色。可以说,主板的类型和档次决定着整个计算机系统的类型和档次,主板的性能影响着整个计算机系统的性能。

如图 1-6 所示,一般计算机主板上,安装配件的扩展插槽主要有:A. SATA 硬盘接口;B. IDE 硬盘接口;C. CPU 插槽;D. 内存插槽;E. 主板电源接口;F. CPU 供电接口;G. CPU 风扇电源接口;H. 软驱接口;I. PCI 接口设备接口;J. 显卡接口(J 区域中短接口为 PCI 1X 设备接口)。不同的主板,扩展插槽的位置可能会略有不同。

1. CPU 插槽

目前,主流的 CPU 插槽有:用于 AMD 处理器的 Socket 462、Socket 939、Socket 754 和用于 Intel 处理器的 LGA 775、Socket 478。Socket 与 LGA 后面的数字表示与 CPU 对应的针脚数量。只有两者匹配的时候才能够搭配使用。图 1-7 是一个 LGA 775 插座,与之对应的是 775 针脚的 Intel P4、PD 和 Celeron 处理器。在 CPU 插槽的中间位置有一个黑色元件,这是感温器件,用于检测 CPU 的内核温度。

2. 内存插槽

内存插槽(图 1-8)用于安装内存条。通常较为高档的主板会提供四根内存插槽,内存插槽的数量越多,说明主板的内存扩展性越好。对于支持双通道内存架构的主板,内存插槽通常会有颜色标识,相同颜色的两条内存插槽,用来组成双通道内存构架。

图 1-7　LGA 775 插座

图 1-8　支持双通道的内存插槽

• 小知识　什么是双通道？

所谓双通道，就是芯片组可在两个不同的数据通道上分别寻址、读取数据。这两个相互独立工作的内存通道依附于两个独立并行工作的、位宽为 64bit 的内存控制器下。这样，普通的 DDR 内存便可以达到 128bit 的位宽，而对于 DDR266，双通道技术可使其达到 DDR533 的效果。

双通道 DDR 有两个 64bit 内存控制器，双 64bit 内存体系所提供的带宽等同于一个 128bit 内存体系所提供的带宽，但是二者所达到效果却是不同的。双通道体系包含了两个独立的、具备互补性的智能内存控制器，两个内存控制器都能够在彼此间零等待时间的情况下同时运作。例如，当控制器 B 准备进行下一次存取内存的时候，控制器 A 就正在读/写主内存，反之亦然。两个内存控制器的这种互补"天性"可使有效等待时间缩减 50%。

简而言之，双通道技术是一种有关主板芯片组的技术，与内存自身无关。只要主板厂商在芯片内部整合两个内存控制器，就可以构成双通道 DDR 系统。而厂商只需要按照内存通道将 DIMM 分为 Channel 1 与 Channel 2，用户也需要成双成对地插入内存。如果只插单根内存，那么两个内存控制器中只会工作一个，也就没有了双通道的效果。

3. 扩展插槽

扩展插槽用于接入显卡、声卡、网卡、Modem、视频采集卡、电视卡等板卡设备。

以图 1-9 所示的主板为例，最上方可看到一根 PCI-E 1X 插槽。中间的两根 PCI-E 16X 插槽，用于安装目前风头正劲的 PCI-E 16X 显卡。而这块主板有两根 PCI-E 16X 插槽，组成了可升级连接接口（Scalable Link Interface，SLI）显卡串联传输接口。下方两根是 PCI 插槽，可以用来接入电视卡、视频采集卡、声卡、网卡等传统 PCI 设备。

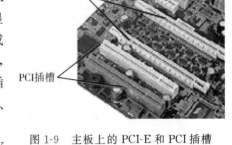

图 1-9　主板上的 PCI-E 和 PCI 插槽

随着 PCI-E 16X 的引入，以前的 AGP 8X 已开始走向衰落，如今在 i915、i945、nForce4 等芯片组的主板上已经见不到 AGP 插槽的踪影。ISA 扩展槽由于跟不上潮流也已经被淘汰。

• 小知识　什么是 SLI？

SLI 是由英伟达（NVIDIA）提出的开放式显卡串联规格，可使用两种同规格架构的显示卡，通过显示卡顶端的 SLI 接口，来达到类似 CPU 架构中双处理器的规格效果。采用 SLI 双显示卡技术，最高可提供比单一显示卡多 180% 以上的性能提升。

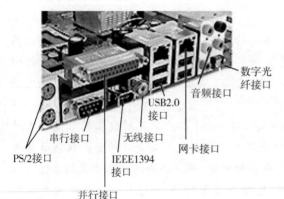

PS/2接口
串行接口
并行接口
无线接口
IEEE1394接口
USB2.0接口
网卡接口
音频接口
数字光纤接口

图 1-10　主板的外部接口

4.外部接口

一块主板的外部接口是否丰富，决定了这块主板接入能力的强弱。如图 1-10 所示，目前主流主板上通常有：PS/2 接口、串行接口、并行接口、RJ-45 网络接口、USB 2.0 接口、音频接口；高档主板还有：IEEE 1394接口和无线模块等。

PS/2 接口用于连接 PS/2 鼠标和 PS/2 键盘，其中绿色接口接入鼠标，蓝色接口接入键盘；串行接口用于接入外置 Modem 和录音笔一类的设备；并行 LPT 接口用于接入老式的针式、喷墨打印机；IEEE 1394 接口主要用于接入数码摄像机；无线模块用于建立无线网络；网卡接口用于接入局域网，或连接 ADSL 等上网设备；USB 2.0用于连接 MP3、摄像头、打印机、扫描仪、移动硬盘、闪存盘等高速 USB 设备；音频设备接口用于连接 7.1 声道的有源音箱；数字光纤接口负责传输质量更高的数字音频信号。

5.主板南、北桥芯片

南、北桥芯片是主板的灵魂，它的性能和技术特性决定了这块主板可以与何种硬件搭配，可以达到怎样的运算性能、内存传输性能和磁盘传输性能。

北桥芯片（图 1-11）主要负责 CPU 与内存之间的数据交换和传输，它直接决定着主板可以支持什么 CPU 和内存。此外，北桥芯片还承担着 AGP 总线或 PCI-E 16X 的控制、管理和传输。总之，北桥芯片主要用于承担高数据传输速率设备的连接。

南桥芯片（图 1-12）则负责着与低速率传输设备之间的联系。具体来说，它负责与 USB 1.1/2.0、AC'97 声卡、10/100/1000M 网卡、PATA 设备、SATA 设备、PCI 总线设备、串行设备、并行设备、RAID 构架和外置无线设备的沟通、管理和传输。当然，

图 1-11　主板的北桥芯片

图 1-12　主板的南桥芯片

南桥芯片不可能独立实现如此多的功能，它需要与其他功能芯片共同合作，才能让各种低速设备正常运转。

1.2.2　CPU

CPU 是 Central Processing Unit(中央处理器)的缩写，它由运算器和控制器组成。如果将计算机比作人体，那么 CPU 就是心脏，其重要性也就可见一斑。CPU 发展至今已有 20 多年的历史。按照处理信息的字长，CPU 可以分为：4 位微处理器、8 位微处理器、16 位微处理器、32 位微处理器，以及 64 位微处理器等。

无论何种 CPU，其内部结构归纳起来都可以分为控制单元(Control Unit，CU)、逻辑单元(Arithmetic Logic Unit，ALU)和存储单元(Memory Unit，MU)三大部分，这三个部分相互协调，便可进行分析、判断、运算，进而控制计算机各个部分协调工作。

CPU 的使用需要主板配合，只有主板的 CPU 插槽与 CPU 接口型号相对应，才能配合使用，否则根本无法安装。同时还需注意的是主板芯片组型号。部分芯片组由于性能限制，某些 CPU 可能无法正常工作！

随着新技术的发展，目前 CPU 已经从 32 位升级到 64 位，同时内核也有所增加，如 Intel 的双核心 CPU。常见的 CPU 有以下几个系列。

(1) Intel 系列。①Pentium Ⅱ(奔腾 2 代)；②Pentium Ⅲ(奔腾 3 代)；③Pentium 4(奔腾 4 代)；④Celeron/Celeron A/Celeron Ⅱ；⑤Pentium D。

(2) AMD 系列。①AMD K6；②AMD K6-2；③AMD K6-Ⅲ；④AMD K7 Athlon(阿斯龙)；⑤AMD K7 Duron(毒龙或钻龙)；⑥AMD ThunderBird(雷鸟)。

(3) Cyrix(VIA)系列。①VIA Cyrix 6x86MX；②VIA Cyrix 6x86M Ⅱ；③VIA Cyrix-Ⅲ；④VIA Cyrix 6x86。

常用的 CPU 主要是 Intel 和 AMD，如图 1-13 和图 1-14 所示。

图 1-13　Intel　　　　　　　　　图 1-14　AMD

关于 CPU 的性能参数，需要注意的有以下几点。

1.CPU 主频

主频，即 CPU 内部的时钟频率，也就是 CPU 进行运算时的工作频率。一般而言,主频越高,一个时钟周期里完成的指令数也越多,CPU 的运算速度也就越快。但由于内部结构不同,并非所有时钟频率相同的 CPU 性能一样。

CPU 主频的计算方式为:主频＝外频×倍频。

其中外频即系统总线,CPU 与周边设备传输数据的频率,具体是 CPU 到芯片组之间的总线速度。

倍频,即 CPU 和系统总线之间相差的倍数。当外频不变时,倍频越高,CPU 主频也越高。倍频可使系统总线工作在相对较低的频率上,而 CPU 速度则可通过倍频来无限提升。

2.CPU 接口

Intel CPU 目前使用的接口主要有 Socket 478 和 LGA 775。

AMD CPU 目前使用的接口主要有 Socket 754 、Socket 939 和 Socket 462(即 Socket A)。

3.CPU 缓存

CPU 缓存分为一级缓存和二级缓存。

(1)一级缓存:即 L1 Cache,它集成在 CPU 内部,用于 CPU 在处理数据过程中数据的暂时保存。L1 缓存的容量通常在 32～256KB。由于缓存指令和数据与 CPU 同频工作,L1 级高速缓存的容量越大,存储信息越多,就越能减少 CPU 与内存之间的数据交换次数,CPU 运算效率也就越高。

(2)二级缓存:即 L2 Cache。由于 L1 级高速缓存容量的限制,为了再次提高 CPU 的运算速度,CPU 外部可再放置一高速存储器,即二级缓存。现在普通台式机 CPU 的 L2 缓存一般为 128KB～2MB 或者更高,笔记本、服务器和工作站 CPU 的 L2 高速缓存最高可达 1～3MB。二级缓存的工作主频比较灵活,可与 CPU 同频,也可不同。CPU 在读取数据时,先在 L1 中寻找,再从 L2 中寻找,然后是内存,再后是外存储器。

4.制造工艺

现在所使用的 CPU 制造工艺,一般是 $0.13\mu m$、$0.09\mu m$,随着工艺水平的进步,目前已能达到 64nm,将来会更高。

5.前端总线

总线是将计算机微处理器与内存芯片,及与之通信的设备连接起来的硬件通道。

前端总线(FSB)负责将 CPU 连接到主内存,前端总线频率直接影响着 CPU 与内存数据交换速度。数据传输最大带宽取决于同时传输的数据的宽度和传输频率,即数据带宽＝(总线频率×数据位宽)/8。目前,计算机上 CPU 前端总线频率有 266MHz、333MHz、400MHz、533MHz、800MHz 等几种,前端总线频率越高,代表着 CPU 与内存之间的数据传输量越大,也就越能充分发挥出 CPU 的功能。

外频与前端总线频率的区别及联系在于，前端总线的速度指的是数据传输的实际速度，外频则是指 CPU 与主板之间同步运行的速度。多数时候，前端速度都大于 CPU 外频，且成倍数关系。

6.超线程

超线程技术是 Intel 的创新设计，它是藉由在一颗实体处理器中放入二个逻辑处理单元，让多线程软件可在系统平台上平行处理多项任务，并提升处理器执行资源的使用率。这项技术理论上可使处理器的资源利用率平均提升 40%，从而大大增加处理的传输量。

1.2.3　内存

在计算机的组成结构中，有一个很重要的部分，就是存储器。存储器是用来存储程序和数据的部件。有了存储器，计算机才有记忆功能，才能正常工作。存储器的种类很多，按其用途可分为主存储器和辅助存储器，主存储器又称内存储器（简称内存），辅助存储器又称外存储器（简称外存），内存的大小直接影响着计算机的性能。

外存通常是磁性介质或光盘，像硬盘、软盘、磁带、CD 等，能长期保存信息，并且不依赖于电来保存信息，但是需由机械部件带动，速度与 CPU 相比就显得慢得多。

内存是主板上的存储部件，CPU 直接与之沟通，用其存储当前正在使用的（即执行中）数据和程序。它的物理实质是一组或多组具备数据输入输出和数据存储功能的集成电路。内存只用于程序和数据的暂存，一旦关闭电源或断电，其中的程序和数据就会丢失。

图 1-15 所示为 Kingbox 黑金刚 DDR 1G 500MHz 悍将版。

图 1-15　Kingbox 黑金刚 DDR 1G 500MHz 悍将版

图 1-16 中圆圈所示的插槽即为内存插槽，左下角小图为内存。内存的安装非常简单，只要将内存按正确的正反面插到主板的内存插槽中即可。若正反面错误，则会因为针脚的不对称而无法将内存安装进去。

图 1-16　内存插槽

作为计算机不可缺少的核心部件,内存也在规格、技术、总线带宽等各个方面经历着不断的更新换代。从 286 时代的 30pin SIMM 内存、486 时代的 72pin SIMM 内存,到 Pentium 时代的 EDO DRAM 内存、Pentium Ⅱ 时代的 SDRAM 内存,再到 Pentium 4 时代的 DDR 内存和目前 9X5 平台的 DDR2 内存。不过万变不离其宗,内存变化的目的归根结底就是为了提高内存带宽,以满足 CPU 不断攀升的带宽要求,避免成为高速 CPU 运算的瓶颈。

1. 主要的内存芯片厂商

虽然市场上的内存品牌多如过江之鲫,但内存芯片生产商却只有那么几家,我们可以在内存上查到其使用的内存芯片编号,例如三星(Samsung)、美光(Micron)、现代(Hynix)等。但由于内存厂家技术实力的差距,不同品牌内存的质量也有所差异。

· 小知识　内存颗粒

内存芯片其实也就是平常所说的内存颗粒,后者是我国台湾省和香港特别行政区对内存芯片的另一种称呼。

2. 常见和不常见的内存品牌

这里所指的内存品牌,即内存条品牌,而非内存芯片品牌。

国内市场上比较畅销的内存条品牌有以下几个。

(1) 金士顿(Kingston)。在内存市场上,Kingston 代表着高端和质量。

（2）胜创（Kingmax）。Kingmax 是与 Kingston 齐名的内存品牌，由于采用 TingBGA 封装专利技术，因此很难仿造。

（3）三星（Samsung）。三星公司不仅研发内存芯片，还出产自有品牌的内存产品，其无疑是高品质的象征，许多笔记本电脑上使用的就是三星内存。

除上述品牌外，比较热门的内存品牌还有金邦科技（GEIL）、宇瞻（Apacer）、金士泰（KINGSETK）、超胜科技（Liadram）、勤茂（TwinMOS）、易胜（Elixir）、利屏（LPT）以及富豪等。

不常见的内存品牌有以下几个。

（1）海盗船（Corsair）。虽然该品牌在国内知名度不高，但在国外超频发烧友中却使用广泛，可说是目前性能最好的 DDR 内存，不仅使用 8 层 PCB，而且采用了两块厚厚的铝制散热片。

（2）英睿达（Crucial）。美光（Micron）在 1996 年 11 月成立的一个分部，其产品以性能稳定、价格低廉而著称，主要通过互联网销售。

（3）Mushkin。成立于 1994 年，其内存产品在国际市场上享有很高声誉，苹果专用内存就是普通的 Mushkin DDR 400 上增加了屏遮盖。其超频性能极为出色，采用了充气袋包装方式，但在国内较难购买。

（4）美商机暗鲨（OCZ）。发烧级内存供应商，是第一个提出双通道优化技术的厂家，也是第一个采用 ULN（Ultra Low Noise shielded PCB，PCB 超级屏蔽）技术的内存厂商，其内存产品素有"超频之王"的美称，当然价格亦属天价之列。

3. 内存关键要点

（1）模块名称：内存制造商。我们在使用一些测试软件的时候很容易看到相关信息。如果未显示，说明该内存的 SPD 信息不完整或属于无名品牌。

（2）存储方式：内存类型。例如，SDRAM 或 DDR SDRAM。

（3）存储速度：内存的标准运行速度。例如，PC100、PC133、PC2100（即 DDR266）、PC2700（即 DDR333）、PC3200（即 DDR400）和 PC4000（即 DDR500）。

（4）模块位宽：内存通道的位宽。内存带宽＝内存频率×位宽。例如，64bit 的内存带宽为 $400×64/8＝3200MB/s$，即 PC3200 的标准带宽。按此便可很容易地算出其他模式的带宽。

（5）内存的时序参数，如下所述。

①CAS# Latency：行地址控制器延迟时间，简称 CL，即到达输出缓存器的数据所需要的时钟循环数。对内存来说，这是最重要的一个参数，该值越小，系统读取内存数据的速度越快。例如，PC100 SDRAM 的时钟周期为 $1/100000000s$，即 10ns。

②RAS# to CAS#：列地址至行地址的延迟时间，简称 RCD，表示在已经决定的列地址和已经送出行地址之间的时钟循环数，以时钟周期数为单位，该值越小越

好。例如,2表示延迟周期为两个时钟周期,对于 PC100 SDRAM 来说,代表 20ns 的延迟,如果是 PC133 则代表有 15ns 的延迟。

③RAS♯ Precharge:列地址控制器预充电时间,简称 tRP,表示对回路预充电所需要的时钟循环数,以决定列地址。同样以时钟周期数为单位,该值也越小越好。

④TRas♯:列动态时间,也称 tRAS,表示一个内存芯片上两个不同的列逐一寻址时所造成的延迟,以时钟周期数为单位,通常是最后也是最大的一个数字。例如,nForce2 主板一般设置为 11。

1.2.4 显卡

显卡(图 1-17)又称为视频卡、视频适配器、图形卡、图形适配器和显示适配器等。用于控制计算机的图形输出,负责将 CPU 送出的影像数据处理成显示器可识别的格式,再送至显示器形成图像。它是计算机主机与显示器之间连接的“桥梁”,在计算机系统中占据着重要的地位。目前,主要的电脑游戏或 3D 制作都需要有一块

强劲的显卡支持。由于和 3D 息息相关,所以现在显卡也被称为 3D 显卡。不同的显卡,性能会有所高低。现在所说的显卡性能主要是指 3D 模型渲染速度的快慢,而 2D 性能已少有关注了。

显卡主要由显示芯片(图形处理芯片,Graphic Processing Unit)、显存、数模转换器(RAMDAC)、VGA BIOS、接口等几部分组成。

图 1-17　显卡

1. 显卡芯片

显卡芯片即“图形处理芯片”。在整个显卡中,显卡芯片起着“大脑”的作用,负责处理计算机发出的数据,并将最终结果显示在显示器上。一块显卡采用何种显示芯片大致决定了该显卡的档次和基本性能,显卡所支持的各种 3D 特效就由它决定,同时它也是显卡划分的依据。2D 显示芯片在处理 3D 图像和特效时主要依赖 CPU 的处理能力,称为“软加速”。而 3D 显示芯片是将三维图像和特效处理功能集中在显示芯片内,即所谓“硬件加速”。

现在市场上的显卡大多采用 nVIDIA 和 ATI 两家公司的图形处理芯片,如NVIDIA FX 5200、FX 5700、RADEON 9800,这些就是显卡芯片的名称。不过,虽然显卡芯片决定着显卡的档次和基本性能,但也需配备合适的显存,才能使显卡性能得到完全地发挥。

图 1-18 所示的是 GeForce 6800 的核心。一般而言,芯片位于显卡中央,根据封装不同(如 TPBGA、FC-BGA 等),外观上会有不小的差异。

大部分核心上会有代码,不少芯片上可直接看出显卡芯片型号。如 RADEON 9550 核心的显卡芯片(图 1-19),核心上就第一排标有"RADEON 9550"字样。但也有部分芯片只标明研发代码,如 nVIDIA 的 NV18、NV31,ATi 的 R340、R420 等,这些代码表示不同型号的芯片。

图 1-18　GeForce 6800

图 1-19　RADEON 9550

从 nVIDIA 的 GeForce 256 开始,显示芯片又有了新名称——GPU,即"图形处理器",与计算机系统的 CPU 遥相呼应。

在 GPU 的众多参数中,需要了解的主要是核心频率。核心频率以 MHz 为单位,如 FX 5200 的核心频率为 250MHz。核心频率越快,GPU 的运算速度也越快。但 GPU 的性能还要取决于诸多方面,如渲染管道的数量。渲染管道就如同工厂生产线,生产线越多,相同时间内出产的产品就越多,GPU 性能也就越好。

2. 显存

显存即"显示缓存""显示内存"。显存分为帧缓存和材质缓存,其主要作用是临时存储显卡芯片(组)所处理的数据信息(包括已经处理和将要处理的数据)和材质信息。显卡芯片处理完数据后,会将数据输送到显存中,然后数模转换器(RAMDAC)会从显存中读取数据,并将数字信号转换为模拟信号,最后输出到显示屏。因此显卡芯片和显存之间的通道十分重要,它的带宽及显存的速度直接影响着显卡速度。即使显卡的图形芯片很强劲,但如果显存达不到要求,数据将仍然无法被即时传送。可以说,在显卡芯片一定的情况下,显卡性能的高低就是由显存决定的。

目前市场上采用最多的是三星(Samsung)和现代(Hynix)的显存,其他还有钰创(EtronTech)、英飞凌(Infineon)、美光(Micron)、台湾晶豪(EliteMT/ESMT)等,这些都是比较有实力的厂商,品质较有保证。

1）显存的封装方式

显存的封装方式通常有小型方块平面封装（Thin Quad Flat Package，TQFP）、薄型小尺寸封装（Thin Small Out-Line Package，TSOP）和微型球栅阵列封装（Micro Ball Grid Array，mBGA）。目前主流显卡基本上是用 TSOP 和 mBGA 封装，其中又以 TSOP 居多，其外表呈长方形，较长的两边有引脚，极易辨认。该种方式，寄生参数减小，适合高频应用，操作方便，可靠性较高，是一种比较成熟的封装技术（图 1-20）。

2）显存类型

显存的类型目前主要有同步动态随机存取存储器（Synchronous Dynamic Random Access Memory，SDRAM）、双倍速数据传输同步动态随机存取存储器（Double Data Rate SDRAM，DDR SDRAM）和 DDRⅡ/Ⅲ SDRAM。

图 1-21 所示为 DDRⅡ SDRAM，它是因新款 GPU 需要高数据带宽而开发的 DDR SDRAM 的升级产品。与一代相比，DDRⅡ具有更低的功耗、更高的频率、更小的延迟时间，当然也具备更高的带宽。

图 1-20　TSOP 封装的显存

图 1-21　DDRⅡ SDRAM

图 1-22　DDRⅢ SDRAM

DDR Ⅲ（图 1-22）与 DDRⅡ相比，能够获得的频率更高。但高频率也带来了发热量的提升，因此高端显卡大多覆盖着厚厚的散热片，而普通显存就无此必要了。

3）显存速度

显存的速度以纳秒（ns）为计算单位，常见显存多在 2～6ns，数字越小速度越快。其对应的理论工作频率可通过公式计算得出。

非 DDR 显存的公式：工作频率（MHz）＝1000/显存速度。

如果是 DDR 显存，公式为：工作频率（MHz）＝1000/显存速度×2。

例如，5ns 的显存，工作频率为 1000/5＝200MHz，如果是 DDR 规格，那么其频率则为 200×2＝400MHz。现在显卡基本均采用 DDR 规格的显存。

4）显存带宽

显存带宽是指一次可以读入的数据量，即显存与显卡芯片之间数据交换的速度。带宽越大，显存与显卡芯片之间的"通路"就越宽，数据"跑"得就越顺畅。显存带宽可以由以下公式计算得出：显存频率×显存位宽/8［除以 8 是因为每 8 比特（bit）等于一个字节（Byte）］。这里的"显存位宽"是指显存芯片与外部进行数据交换的接口位宽，是指在一个时钟周期之内能传送的比特数。从以上公式可以得知，显存位宽是决定显存带宽的重要因素，与显卡性能息息相关。日常所说的某显卡是 64MB128bit 规格，其中 128bit 即指该显卡的显存位宽。目前市面上绝大多数显卡的显存位宽都是 128bit 和 64bit，部分高端卡已达到 256bit。

3. 显卡接口

显卡的接口很多，有输出的，也有输入的。

在近机箱一侧，可看到不少外部接口，如图 1-23 所示，从左往右分别是 Separate Video 接口（S 端子，S-Video）、数字视频接口（Digital Visual Interface，DVI）和视频图形阵列（Video Graphics Array，VGA）。

显卡必须插在主板上才能与主板交换数据，因此就必须有与之相对应的总线接口。如图 1-23 所示 GPU 下方的一排金色的接触点，就是显卡与主机板连接的桥梁。现在最普遍的是加速图形接口（Accelerated Graphics Prot，AGP）接口（图 1-24），它是在 PCI 图形接口的基础上发展而来的一种专用显示接口，具有独占总线的特点，只有图像数据才能通过 AGP 端口。AGP 又分为早期的 AGP 1X、2X 和现在的 AGP 4X、8X，其区别就是 AGP 的带宽。现在 AGP 8X 已经是主流，总线带宽达到 2133MB/s，是 AGP 4X 的两倍。

图 1-23　显卡接口

图 1-24　AGP 显卡接口

近期，Intel 推出了最新的 PCI-E 显卡接口（图 1-25），能够达到 16X 的位宽，更能满足越来越多的数据交换的需求。

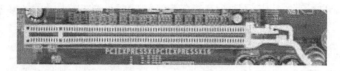

图 1-25　PCI-E 显卡接口

为了保证显卡具备良好的电气连接特性,所有规范都要求此接口进行镀金处理,因此又俗称"金手指"。

金手指除了要提供显卡芯片和主板之间的数据交换外,还要提供整个显卡的电能,但许多高端芯片用电量很大,单靠金手指无法满足需要,于是就有了外接主机电源上的标准 4 芯或非标准 6 芯电源接口(图 1-26)。而目前中低档的显卡还不需要这个接口。

标准4芯
电源接口

图 1-26　标准 4 芯电源接口

1) S-Video

S-Video 用于连接电视机、投影仪等。一般采用五线接头,用于将亮度和色度分离输出的设备,因此也称为二分量视频接口。其亮度和色度分离输出方式可以克服视频节目复合输出时亮度和色度的互相干扰,可以提高画面质量,将计算机屏幕上显示的内容非常清晰地输出到投影仪之类的显示设备上。目前大部分电视机都有 AV 口和 S-Video 口,利用连接线就能够用电视来显示计算机画面。

2) VGA

VGA 即 D-Sub15 接口,是传统的显示器接口,其作用是将转换好的模拟信号输出到 CRT 或者 LCD 显示器中。现在几乎每款显卡都具备标准的 VGA 接口(图 1-27)。国内显示器,包括 LCD,也大都采用 VGA 接口作为标准输入方式。

标准的 VGA 接口采用非对称分布的 15pin 连接方式,其工作原理是将显存内以数字格式存储的图像信号在 RAMDAC 里经过模拟调制成模拟高频信号,然后再输出到显示器成像。它的优点包括无串扰、无电路合成分离损耗等。

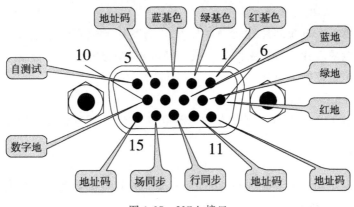

图 1-27　VGA 接口

3）DVI

DVI 用于连接一些高端液晶显示器。由于 VGA 是基于模拟信号传输的工作方式,期间经历的数/模转换过程和模拟传输过程会带来一定程度的信号损失,而 DVI 接口是一种完全的数字视频接口,可将显卡产生的数字信号原封不动地传输给显示器,信号无需转换,避免了传输过程中信号的衰减或失真,因此显示效果提升显著。

DVI 接口又可分为两种:仅支持数字信号的 DVI-D 接口和同时支持数字与模拟信号的 DVI-I 接口。但由于成本和 VGA 的普及程度,目前 DVI 接口还不能全面取代 VGA 接口。

4.显卡的分立元件

除了显卡芯片、显存之外,显卡上还有不少分立元件,如电阻、电容、线圈和 Mos 管等。通过这些元件才能将核心与显存组合成一个整体。

1）RAMDAC

RAMDAC 即"数模转换器",其作用是将显存中的数字信号转换为能够用于显示的模拟信号。RAMDAC 的转换速率对显示器上的图像有很大的影响,这是由于图像的刷新率依赖于显示器所接收到的模拟信息,而这些模拟信息正是由 RAMDAC 所提供,RAMDAC 转换速率也就决定了刷新率的高低。

现在大部分显卡的 RAMDAC 都集成在主芯片里,独立的 RAMDAC 芯片较为少见。

2）显卡 BIOS 芯片

显卡 BIOS 芯片即 VGA BIOS,显卡的 BIOS 跟显卡超频有着直接的关系。与主板 BIOS 相似,每张显卡都会有一个 BIOS。通常是一块小的存储器芯片,它存储了显卡的一些基本配置信息及驱动程序,如显卡型号、规格、生产厂商、出厂时间,此外还有核心频率和显存频率的默认值,因此只要不改变 BIOS 内容,即使在操作系统中超频使用显卡了,重启之后仍会恢复到原先的默认值。

3）GPU 核心电压转换电路

一般是由 1 个电源芯片、2 个 MOS 管、6 个贴片大电容和 1 个大个的黑色方体电感组成。电源芯片一般有两路输出或一路输出，一路输出只负责给 GPU 供电，两路则还要承担显存的供电任务。

4）显存电压转换电路

一般是由 1 个稳压芯片、2 个贴片电解电容组成，用于提供显存所需电能。

1.2.5　机箱

机箱作为计算机主要配件的载体，其主要任务就是固定与保护配件。它是标准化、通用化的计算机外设。

以外形划分，机箱分为立式和卧式，早期多为卧式机箱，现在一般都采用立式。这主要是由于立式机箱没有高度限制，理论上可提供更多的驱动器槽，且更利于内部散热。

从结构上分，机箱可分为 AT、ATX、Micro ATX 、NLX 等类型，目前市场上主要以 ATX 机箱为主。在 ATX 的结构中，主板横向安装在机箱的左上方。电源位置在机箱的右上方，前方的位置预留给储存设备使用，后方则预留了各种外接端口的位置。这样规划的目的就是，可以在安装主板时避免 I/O 口过于复杂，主板的电源接口及软硬盘数据线接口亦可更靠近预留位置。整体上也能够让使用者在安装适配器、内存或者处理器时，不会移动其他设备。这样，机箱内的空间就更加宽敞简洁，有助于散热。

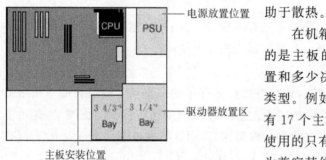

图 1-28　机箱俯视图

在机箱（图 1-28）的规格中，最重要的是主板的定位孔。因为定位孔的位置和多少决定着机箱所能使用主板的类型。例如，ATX 机箱标准规格中，共有 17 个主板定位孔，而 ATX 主板真正使用的只有其中 9 个，其他孔位主要是为兼容其他类型的主板。

1.2.6　电源

作为计算机的动力来源，电源（图 1-29）的重要性不言而喻，它直接影响着整部机器的稳定运行和整体性能的发挥。由于早期计算机配件功耗较低，对电源的依赖也较少，因此在 Pentium Ⅲ 之前，电源并不太受重视。但近年来，随着硬件设备，特别是 CPU 和显卡的高速发展，计算机对供电的要求大幅提高，电源对整个系统的稳定所起的作用也越来越重要。

为能带动机箱内的各种设备，电源主要通过运行高频开关技术将输入的较高的交流电压(AC)转换成计算机工作所需要的电压(DC),这也就是电源的基本工作原理。

图 1-29　电源

电源的工作流程是,当市电进入电源后,先通过扼流线圈和电容滤波去除高频杂波和干扰信号,然后经过整流和滤波得到高压直流电。接着通过开关电路把高压直流电转成高频脉动直流电,再送高频开关变压器降压。最后滤除高频交流部分,最后输出供计算机使用的相对纯净的低压直流电。

如图 1-30 所示,电源内部的大致流程为:高压市频交流电输入→一、二级 EMI 滤波电路(滤波)→全桥电路整流(整流)+大容量高压滤波电容(滤波)→高压直流电→开关三极管→高频率的脉动直流电→开关变压器(变压)→低压高频交流电→低压滤波电路(整流、滤波)→输出稳定的低压直流电。

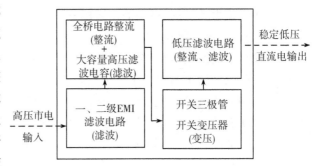

图 1-30　电源的工作流程图

1.电源的分类

1) AT

AT 电源的功率一般在 150~250W,共有 4 路直流电源输出(±5V,±12V),此外还向主板提供一个 P. G.(接地)信号。AT 电源输出线分为两个 6 芯插座和若干 4 芯插头,其中两个 6 芯插座负责为主板供电,由于两者基本相同,在插入时应注意将两根地线(一般为黑色)放在中间。4 芯插头主要用于给软驱、硬盘、光驱等外部设备供电。在开关方式上,AT 电源采用切断交流电网的方式,不能实现软件开关机,这也是许多用户不满的地方。通常电源都带有一个接触锁定式开关,由于工作电压为市电(交流 220V),使用时应注意安全。

在 ATX 电源规格问世之前,从 286 到早期的 586,一直是采用 AT 电源为主板供电,是市场上存活时间最久、覆盖面最广的电源规格,但随着 ATX 电源逐渐普及,AT 电源如今已经淡出市场。

2) ATX

ATX 电源是标准的开关稳压电源(Switch Voltage Regulator),与传统的线性稳压电路(Linear Voltage Regulator)相比,它具有体积小、重量轻、功耗小、转换效率高等优点,但也有其缺点,就是电路较复杂,电源输出的纹波系数也较大,对周围电路的干扰也比较强。

ATX 开关电源,主要包括输入电网滤波电路、输入整流滤波电路、主变换电路、输出整流滤波电路、控制电路、保护电路、辅助电源等几个部分。

(1)输入电网滤波电路:电源中的抗干扰电路,一是指电源对通过电网进入的干扰信号的抑制能力;二是指开关电源的振荡高次谐波进入电网对其他设备及显示器的干扰和对计算机本身的干扰。通常要求计算机对通过电网进入的干扰信号要有较强的抑制能力,通过电网对其他计算机等设备的干扰要小。

(2)输入整流滤波电路:对交流电进行整流滤波,为主变换电路提供纹波较小的直流电压。

(3)主变换电路:开关电源的主要部分,它将直流电压变换成高频交流电压,并将输出部分与输入电网隔离。

(4)输出整流滤波电路:对变换器输出的高频交流电压进行整流滤波,得到需要的直流电压,同时防止高频杂讯对负载的干扰。

(5)控制电路:检测输出直流电压,与基准电压比较后,进行放大,控制振荡器的脉冲宽度,从而控制变换器以保持输出电压的稳定。

(6)保护电路:当开关电源发生过电压、过电流时,使开关电源停止工作以保护负载和电源本身。

(7)辅助电源:其本身也是一个完整的开关电源,输出+5V SB 电源,为主板待机电路供电。同时也为保护电路、控制电路等电路供电。

2.电源选购要点

本文所介绍的选购要点只是相对程度上,或者说是在大部分情况下的标准,不可绝对化。

1) 电源重量

通过重量往往能观察出电源是否符合规格。好的电源外壳一般都使用优质钢材,材质好、质厚,所以较重。电源内部的零件,例如变压器、散热片等,也是同样。好的电源使用的散热片应为铝制甚至铜制,且体积越大散热效果越好。一般散热片都做成梳状,齿越深、分得越开、厚度越大,散热越好。通常在不拆开电源的情况下很难看清散热片,所以直观的办法就是从重量上判断。另外,好电源,一般会增加一些元件以提高安全系数,重量自然又会有所增加,而劣质电源则会省掉一些电容和线圈,重量就较轻。

2)电源中的变压器

电源的关键部位是变压器,简单的判断变压器优劣的方法是看其大小。一般变压器位于两片散热片当中。根据常理判断,250W 电源的变压器线圈内径不应小于28mm;300W 的电源不应小于 33mm。用一根直尺在外部测量其长度,就可以知道其用料是否实在。电流经过变压器之后,通过整流输出线圈输出。在电流输出端,可以看到整流输出线圈,多半厂商使用的为代号 10262 和 130626 的两种。250W 电源的整流输出线圈不应低于 10262 的整流输出线圈;300W 电源的整流输出线圈不应低于 130626 的整流输出线圈。在电源中的直立电容的旁边,会有一个黑色的桥式整流器,有的则是使用 4 个二极管代替,就稳定性而言,桥式整流器的电源更为稳定。

3)电源中的风扇

风扇对电源工作时的散热起着重要的作用。散热片只是将热量散发到空气中,如果热空气不能及时排出,散热效果必将大打折扣。风扇的安排对散热能力起着决定作用。传统 ATX 2.01 版以上的电源风扇都是采用向外抽风的方式,这样可以保证及时排出电源内的热量,避免热量在电源及机箱内积聚,也可避免在工作时外部灰尘由电源进入机箱。一般常用的电源风扇有"油封轴承(Sleeve Bearing)"和"滚珠轴承(Ball Bearing)"两种规格,前者较安静,但后者的寿命较长,当然若使用"磁悬浮风扇"就更好。

此外,有的优质电源会采用双风扇设计,例如在进风口加装了一台 8cm 风扇,使空气流动速度加快。不过双风扇设计也存在电源内部受热量增大、带来噪音的缺点。对此,有些厂商会采用高灵敏度温控低音风扇,这种风扇带有热敏二极管,可根据机箱和电源内的不同温度来调节风扇的转速,另一种办法是加大进风口的进风,使电源入口风扇与出口风扇以不同速度运转,保证电源内部自身产生的热空气和由机箱内抽入的热空气都能及时排出。

风扇在单位时间内能带动的空气流量对散热效果有着直接关系,但没有专门仪器很难考量,所以一般都将问题简单为风扇的转速,进而变为功率并换算为电流。因此,额定电流就成为选购的重要指标。在相同的电压下,电流越大风扇功率越高,风力也越强,这也是选购时唯一的判断标准。以一般电源使用的 8cm 12V 直流风扇为例,其额定电流一般在 0.12~0.18A。

4)电源安全规格

电源在使用时,有可能被接错或短路,电源自身也有可能出现故障导致输出电压不正常,这种情况下,为防止或减少严重的后果,电源要能够及时停止工作,这就是电源的保护功能。因此在电源的设计制造中,安全规格是非常重要的一环。

电源的保护有两个方面,一是防止烧毁其他配件,二是保护自身不受损坏。对外部的保护主要是过压和欠压保护,也就是当电源的输出电压偏高或偏低到不正常时,电源就要停止工作。这对整机非常重要,因为所有昂贵的部件,比如 CPU、硬盘等都比较脆弱,很容易由于过高的电压而烧坏。为防止出现这种情况,就需要监控电源的每路输出电压,办法是通过采样电路对输出电压进行采样,采样回来的信号通过一个比较器后接到控制部分。一旦输出电压异常,采样信号就能即时反映出来,并通知控制部分关机,这样就可以有效地保护主板、CPU、内存、硬盘、光驱等贵重部件。此外,为防止电流过大造成烧毁,电源还都设置有保险丝。

5) 电源的线材和散热孔

电源所使用的线材粗细,很大程度地关系到其耐用度。较细的线材,长时间使用,常常会因过热而烧毁。

另外,电源外壳上面或多或少都有散热孔,电源在工作的过程中,温度会不断升高,除了通过电源内附的风扇散热外,散热孔也是加大空气对流的重要设施。原则上电源的散热孔面积越大越好,但还要注意散热孔的位置,位置放对才能及早排出电源内部的热气。

6) 电源吸风口、出风口的设计

电源的外壳上有许多孔隙,机箱内的热空气就是从这些孔隙进入电源,进而排出。

一般进气部分会在输出线侧,这种电源通常可直接吸入 5 寸驱动器附近的热空气。这种设计还有一个明显的好处,就是从外部吸入的空气会直接流经散热片,可以提高散热片的散热效果。但能否顺利吸入机箱内板卡产生的热空气,关键是看机箱的内部结构,而在这种设计下,进气孔到排风扇之间正好是电源的内线圈、电容密布的部分,气流会受到很大的阻碍,因此从根本上影响了电源吸排机箱内热空气的能力。因此一些厂商在传统的基础之上又做了改进,在电源的底部增开了栅孔,且面积很大。通过栅孔可以直接吸入板卡产生的热空气,完全不受机箱结构的限制,因此吸气能力明显增强。而且这种电源的内部风道也很流畅,从进气的栅孔到排风扇的空间完全敞开。

出风口的设计对空气流量有很大影响。一般电源的出风口栅条较宽,会给空气的流动带来较大的阻碍,而有的电源则采用稀疏的钢网,在保证安全的前提下进一步减小了对空气的阻碍。

1.3 硬件组装

电脑组装的流程如下:①准备工作;②固定主板;③安装电源;④安装硬盘;⑤安装光驱;⑥主板跳线;⑦安装显卡或声卡(板载显卡或声卡无需另外安装);⑧连接周

边设备;⑨安装操作系统。

以下以 Intel 平台为例,简单介绍一下计算机组装的方法与要领。

1.3.1 安装 CPU

当前市场中,英特尔处理器主要是 32 位与 64 位的赛扬与奔腾两种。32 位处理器采用 478 针脚结构,而 64 位的则全部统一为 LGA 775。两者价差不大,因此一般推荐选择 64 位的 LGA 775 平台,32 位的 478 针脚已不再是主流,不值得购买。此外,还有采用 0.65 制作工艺的酷睿处理器,采用了最新的架构,目前已上市,在今后一段时间内,英特尔将全面主推酷睿处理器。酷睿同样采用 LGA 775 接口,安装方法与英特尔 64 位奔腾和赛扬完全相同。

如图 1-31 所示,LGA 775 接口的英特尔处理器全部采用触点式设计,与 478 针管式设计相比,其最大优势是不用再担心针脚折断,但对处理器插座的要求更高。

图 1-31　CPU

【案例 1】安装 CPU。

图 1-32 是主板上的 LGA 775 处理器的插座。在安装 CPU 之前,需先打开插座,方法是,用适当的力向下微压固定 CPU 的压杆,同时用力往外推压杆,使其脱离固定卡扣。

压杆脱离卡扣后,便可顺利拉起,如图 1-33 所示。

图 1-32　CPU 的压杆

图 1-33　CPU 的压杆拉起

接下来,反方向提起固定处理器的盖子与压杆,如图 1-34 所示。

LGA 775 插座即展现在眼前,如图 1-35 所示。

图 1-34　CPU 的盖子　　　　　　　　　　　　　图 1-35　LGA 775 插座

如图 1-36 所示,在 CPU 的一角有一个三角形的标识,仔细观察主板上的 CPU 插座,同样会发现一个三角形的标识。

在安装处理器时,需要特别注意的是,处理器上印有三角形标识的一角必须与主板上印有三角形标识的一角对齐,然后将处理器缓慢地轻压到位。这一方法,不仅适用于英特尔处理器,也适用于目前其他所有处理器,特别是采用针脚设计的处理器,若方向错误,CPU 将无法安装到全部位。

CPU 安放到位后,盖好扣盖,并反方向轻微用力扣下处理器压杆。至此,CPU 便被稳稳的安装到主板上,安装结束(图 1-37)。

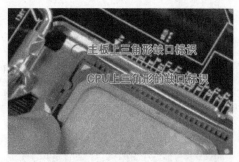

图 1-36　CPU 的三角形标识　　　　　　　　　　图 1-37　CPU 安装结束

1.3.2　安装散热器

由于 CPU 发热量较大,选择一款散热性能出色的散热器就显得特别关键,但若散热器安装不当,散热效果也会大打折扣。图 1-38 是 Intel LGA 775 针接口处理器的原装散热器,较之前的 478 针接口散热器,这款散热器有了很大的改进,由以前的扣具设计改成了四角固定设计,散热效果也得到了很大的提高。很多散热器在购买时已经在底部与 CPU 接触的部分涂上了导热硅脂,若没有,在安装散热器前,首先要在 CPU 表面均匀地涂上一层导热硅脂。散热器顶部和底部分别如图 1-38 和图 1-39

所示。

图 1-38 　散热器顶部　　　　　　　　　图 1-39 　散热器底部

【案例 2】安装散热器。

安装时,将散热器的四角对准主板相应的位置,然后用力压下四角扣紧即可。有些散热器采用了螺丝设计,在安装时还要在主板背面相应的位置安放螺母,如图 1-40 所示。

固定好散热器后,还需将散热风扇接到主板的供电接口上(图 1-41)。找到主板上安装风扇的接口(主板上的标识字符为 CPU_FAN),将风扇插头插放即可。由于主板的风扇电源插头都采用了正反接口的设计,反方向无法插入,安装起来相当方便。

图 1-40 　安装散热器　　　　　　　　　图 1-41 　散热器电源连接

需要注意的是,目前风扇接口有四针与三针等不同的几种。

1.3.3 　安装内存

当内存成为影响系统整体性能的最大瓶颈时,双通道内存设计大大地解决了这一问题。支持英特尔 64 位处理器的主板目前均提供双通道功能,建议选购内存时尽量选择两根相同规格的内存来搭建双通道。

【案例 3】安装内存。

如图 1-42 所示,主板上的内存插槽一般均采用两种不同的颜色来区分双通道与

图 1-42　内存插槽

单通道。

内存插槽也使用了防呆式设计,反方向无法插入,安装前可对应一下内存与插槽上的缺口。安装时,先将内存插槽两端的扣具打开,然后将内存平行放入内存插槽中,再用两拇指按住内存两端轻微下压,听到"啪"的一响,即说明内存安装到位,如图 1-43所示。

将两条规格相同的内存插入到相同颜色的插槽中,即启用了双通道功能,如图 1-44所示。

图 1-43　安装内存

图 1-44　安装双通道内存

1.3.4　安装主板

【案例 4】安装主板。

目前大部分主板的板型均为 ATX 或 MATX 结构,机箱的设计一般都会符合这种标准。在安装主板前,先将机箱提供的主板垫脚螺母安放到机箱主板托架的对应位置上(图 1-45,部分机箱在购买时就已安装)。

然后双手平行托主板,放入机箱中(图 1-46)。

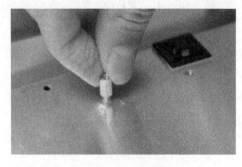

图 1-45　主板垫脚螺母

图 1-46　安装主板

通过机箱背部的主板挡板确定机箱是否到位(图 1-47)。

主板到位后,拧紧螺丝,固定住主板。拧螺丝时,注意不要一次性拧紧每颗螺丝,待全部螺丝安装到位后,再全部拧紧,这样便于调整主板位置,如图 1-48 所示。

主板平稳固定到机箱中,安装过程结束。

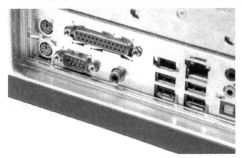

图 1-47　主板挡板定位　　　　　　　　　图 1-48　固定主板

1.3.5　安装硬盘

安装好 CPU 和内存后,需将硬盘固定到机箱的 3.5 寸硬盘托架上。普通的机箱,只需将硬盘放入机箱的硬盘托架上,拧紧螺丝使其固定即可。对可拆卸的 3.5 寸机箱托架,安装就更加简单。

【**案例 5**】安装硬盘。

图 1-49 是机箱中固定 3.5 寸托架的扳手,拉动此扳手即可固定或取下 3.5 寸硬盘托架(图 1-50)。

图 1-49　扳手　　　　　　　　　　图 1-50　取出后的 3.5 寸硬盘托架

将硬盘装入托架,拧紧螺丝,如图 1-51 所示。

将托架重新装入机箱,拉回固定扳手至原位,固定好硬盘托架,硬盘即安装完毕。

1.3.6　安装光驱、电源、显卡

1.安装光驱

光驱的安装方法与硬盘大致相同,对于普通机箱,只需拆除机箱 4.25 寸的托架

图 1-51　安装硬盘

前的面板,将光驱插入对应的位置,拧紧螺丝即可。但还有一种抽拉式设计的光驱托架,以下作一简单介绍。

【**案例 6**】安装光驱。

这种光驱设计比较方便,安装前,先要将类似于抽屉设计的托架安装到光驱上,如图 1-52 所示。

然后像推拉抽屉一样,将光驱推入机箱托架中即可,如图 1-53 所示。

取下时,用两手按住两边的簧片,即可方便地拉出光驱。

图 1-52　安装托架　　　　　　　　　　　　　　　　图 1-53　安装光驱

2.安装电源

【**案例 7**】安装电源。

机箱电源的安装,方法比较简单,放入到位后,拧紧螺丝即可,如图 1-54 所示。

图 1-54　安装电源

3. 安装显卡

【案例 8】安装显卡。

主板上的 PCI-E 显卡插槽如图 1-55 所示。

安装显卡时,用手轻握显卡两端,垂直对准主板上的显卡插槽,向下轻压到位后,再用螺丝固定即可,如图 1-56 所示。

图 1-55　主板上的 PCI-E 显卡插槽　　　　　　　　图 1-56　安装显卡

1.3.7　安装线缆接口

【案例 9】安装硬盘电源与数据线接口。

图 1-57 所示为一块 SATA 硬盘,右侧红色的为数据线,黑黄红交叉的为电源线。安装时将其按入即可。接口全部采用防呆式设计,反方向无法插入。

【案例 10】安装光驱数据线。

光驱数据线均采用防呆式设计,IDE 数据线的一侧有一条蓝或红色的线,这条线应位于电源接口一侧(图 1-58)。

图 1-57　安装硬盘电源与数据线　　　　　　　　图 1-58　安装光驱数据线

【案例 11】安装主板上的 IDE 数据线。

按图 1-59 所示安装主板上的 IDE 数据线。

【案例 12】安装电源线。

图 1-60 是主板供电电源接口,目前大部分主板采用 24pin 的供电电源设计,但

仍有某些主板为 20pin，购买主板时需注意选择适合的电源。

图 1-59　安装主板上的 IDE 数据线　　　　　　图 1-60　安装电源线

图 1-61 是 CPU 供电接口，部分主板采用四针的加强供电接口设计，图中的高端主板使用了 8pin 设计，以提供更为稳定的电压。

图 1-62 是主板上的 SATA 硬盘、USB 及机箱开关、重启、硬盘工作指示灯的接口，安装方法可参阅主板说明书。

图 1-61　安装 CPU 供电接口　　　　　图 1-62　SATA 硬盘、USB 及机箱开关、
　　　　　　　　　　　　　　　　　　　　　　　重启、硬盘工作指示灯的接口

1.3.8　整理线缆

最后，对机箱内的各种线缆进行简单整理（图 1-63），以提供良好的散热空间。

图 1-63　整理线缆

至此，一台计算机即组装完成。

1.4　计算机日常维护方法

1.4.1　观察法

观察，是计算机维修判断过程中第一要法，它贯穿于整个维修过程中，观察的内容包括：①周围的环境；②硬件环境，例如接插头、插座和槽等；③软件环境；④用户的习惯、过程。

1.4.2　最小系统法

最小系统是指从维修判断的角度，能使计算机开机或运行的最基本的硬件和软件环境。其形式包括硬件最小系统和软件最小系统。

最小系统法，主要需先判断，在最基本的软、硬件环境中，系统是否能够正常工作。若不能，即可判定最基本的软、硬件部件有故障，从而起到故障隔离作用。最小系统法与逐步添加法相结合，能较快速地定位故障，提高维修效率。

1.硬件最小系统

由电源、主板和CPU组成。在此系统中，没有任何信号线的连接，只有电源到主板的电源连接。其判断过程，是通过声音判断这一核心组成部分是否能正常工作。

2.软件最小系统

由电源、主板、CPU、硬盘、内存、显示卡、显示器和键盘组成。此最小系统主要用于判断系统是否能完成正常的启动与运行。

对于软件最小环境，就"软件"有以下几点需注意：

（1）保留硬盘中原有的软件环境，只根据分析判断的需要，进行隔离，例如卸载、屏蔽等。这一方式，主要是为了分析判断应用软件方面的问题。

（2）硬盘中的软件环境，只保留一个基本的操作系统环境。例如，卸载掉所有应用，或重新安装一个干净的操作系统，然后根据分析判断的需要，加载所需的应用。这一方式主要是为了判断系统问题、软件冲突或软、硬件之间的冲突问题。

（3）在"软件最小系统"下，根据需要添加或更改适当的硬件。例如，在判断启动故障时，由于硬盘不能启动，需检查能否从其他驱动器启动。这时，可在"软件最小系统"下加入一个软驱或直接用软驱替换硬盘。又如，在判断音视频方面的故障时，根据需要在"软件最小系统"中加入声卡；在判断网络问题时，在"软件最小系统"中加入网卡等。

1.4.3　逐步添加/去除法

逐步添加/去除法是以最小系统为基础,每次只向系统添加一个部件、设备或软件,用以检查故障现象是否消失或发生变化,以此来判断并定位故障部位。逐步添加/去除法一般要与替换法配合,才能较为准确地定位故障部位。

1.4.4　隔离法

隔离法是将可能妨碍故障判断的硬件或软件屏蔽起来的判断方法,或者也可将怀疑相互冲突的硬件、软件隔离开,以判断故障是否发生变化。

这里所说的软硬件屏蔽,对于软件来说,是指停止其运行,或卸载。对于硬件来说,是指在设备管理器中,禁用、卸载其驱动,或直接将硬件从系统中去除。

1.4.5　替换法

替换法是用好的部件代替可能有故障的部件,以判断故障现象是否消失。好的部件可以型号相同,也可以不同。替换顺序一般为:

(1) 根据故障的现象考虑需要进行替换的部件或设备。

(2) 按先简单后复杂的顺序进行替换。例如,先内存、CPU,后主板。又如,要判断打印故障时,可先考虑打印驱动是否存在问题,再考虑打印电缆是否发生故障,最后考虑打印机或并口是否存在故障等。

(3) 最先考查与怀疑同故障部件相连接的连接线、信号线等,之后替换怀疑有故障的部件,再后替换供电部件,最后是与之相关的其他部件。

(4) 从部件的故障率高低考虑最先替换的部件,故障率高的部件先进行替换。

1.4.6　比较法

比较法与替换法类似,是用好的部件与怀疑有故障的部件进行外观、配置、运行现象等方面的比较,或者也可在两台计算机间进行比较,以判断故障计算机在环境设置、硬件配置方面的不同,从而找出故障部位。

1.4.7　敲打法

敲打法一般用于怀疑计算机中的某部件接触不良时,通过振动、适当的扭曲,甚或用橡胶锤敲打部件或设备特定部件来使故障复现,从而判断故障部件。

习　　题

组装一套计算机。

1. 要求

(1)预算为 4000 元左右(误差在 150 元内);

(2)写出每个配件的型号、品牌、参考价格(以太平洋电脑网价格为准)和至少三个关键参数;

(3)把该计算机的配置跟同价位的品牌计算机相比较,总结出各自的优缺点。

2. 注意事项

所选配件的接口、参数是否匹配? 价格是否合适?

第 2 章　Windows 7 基本操作

操作系统(Operating System,OS)是管理和控制计算机软硬件资源的系统软件(或程序集合),是对计算机硬件的扩充,是用户与机器的接口。操作系统在计算机系统中的作用是,对内,管理计算机系统的各种资源,扩充硬件的功能;对外,操作系统提供良好的人机界面,方便用户使用计算机。Windows 7 是由微软公司(Microsoft)开发的操作系统,可供家庭及商业工作环境、笔记本电脑、平板电脑、多媒体中心等使用。

2.1　计算机配置需求

2.1.1　最低配置和推荐配置

计算机最低配置和推荐配置分别见表 2.1 和表 2.2。

表 2.1　计算机最低配置

设备名称	基本要求	备注
CPU	1GHz 32 位或 2GHz 64 位处理器	—
内存	1GB 内存(基于 32 位)或 2GB 内存(基于 64 位)	安装识别的最低内存是 512MB,小于 512MB 会提示内存不足(只是安装时提示),实际上,384MB 就可以较好运行,即使内存小到 96MB 也能勉强运行
硬盘	16GB 可用硬盘空间(基于 32 位)或 20GB 可用硬盘空间(基于 64 位)	最好保证安装的分区有 20G 大小
显卡	带有 WDDM 1.0 或更高版本的驱动程序的 DirectX 9 图形设备	128MB 为打开 Aero 最低配置,不打开 Aero 64MB 也可以
其他设备	DVD-R/RW 驱动器或者 U 盘等其他储存介质	安装用。如果需要,可以用 U 盘安装 Windows 7,这需要制作 U 盘引导

表 2.2　计算机推荐配置

设备名称	基本要求	备注
CPU	2GHz 及以上的处理器	—
内存	4GB 及以上(64 位)	—
硬盘	25GB 以上可用空间	—
显卡	有 WDDM 1.0 驱动的支持 DirectX 9 且 256MB 显存以上级别的独立显卡	—
其他设备	DVD R/RW 驱动器或者使用 U 盘等其他储存介质	需在线激活或电话激活

32 位版本 Windows 7 的硬件需求与 Windows Vista Premium Ready PC 等级相同,但 64 位版的硬件需求相当高。微软已经为 Windows 7 发布了 Windows 7 Upgrade Advisor。Windows 7 安装系统表见表 2.3。

表 2.3　Windows 7 安装系统表

	32 位处理器	64 位处理器
安装 32 位系统	允许	允许
安装 64 位系统	不允许	允许

2.1.2　Windows 7 操作系统安装

(1) 首先,设置光盘启动。

大多数主板情况:光盘先放进光驱,重启计算机,按 F12(华硕主板是按 F8,华硕笔记本是按 Esc),出现选项,选 CD/DVD 字样的选项,按回车键,当屏幕出现"DVD..."字样的时候,按任意键,比如空格,就开始读取光盘。

(2) 装入光盘,启动计算机,读取光盘,单击"现在安装"。

(3) 接受许可。

(4) 选"自定义(高级)",单击驱动器选项,点选要安装的磁盘-格式化,格式化完成,点"下一步"。如果是新硬盘,根据硬盘大小进行分区,建议最少分两个区。

(5) 分区后,点"下一步",开始复制、展开、安装功能、安装更新、完成安装,期间会重启一次。

(6) 输入用户名、密码,密码可以不填,这样启动时就会跳过密码输入,直接进入桌面,但不是一个安全的选择。

(7) 如果有确定可以激活的密匙,就在这里输入,如果想用激活工具激活的话,就不填直接下一步。

(8) 使用推荐设置。

(9) 时间、日期设置。

(10) 选择计算机位置,一般选家庭或工作,建议选工作网络。

(11) 设置完成首次进入桌面,Windows 7 安装完毕。

此外,还可使用 U 盘安装和硬盘安装。使用 U 盘安装时,U 盘作为启动盘,BIOS 设置成 U 盘为启动盘,然后安装。硬盘安装时,将 Windows 7 的安装包解压到非系统盘的根目录下,然后开始安装。

2.2　Windows 7 基本操作

2.2.1　什么是操作中心

操作中心是 Windows 7 新设计的一个强大工具。它是一个查看警报和执行操作的中心位置,可以帮助保持 Windows 正常运行。操作中心会列出需要注意的有关安全和维护设置的重要消息。操作中心内的红色项目标记为"重要",表示这些是应尽快解决的重要问题,例如,需要更新的已过期的防病毒程序。黄色项目是建议执行的任务,表示应考虑执行,例如,建议的维护任务。

【案例 1】打开操作中心。

若要打开操作中心,请执行以下步骤:依次单击「开始」按钮、"控制面板",然后在"系统和安全性"下,单击"查看您的计算机状态",如图 2-1 所示。

图 2-1　查看计算机状态

2.2.2　桌面

桌面是打开计算机并登录到 Windows 之后看到的主屏幕区域。就像实际的桌面一样,它是工作的平面。打开程序或文件夹时,它们便会出现在桌面上。还可以将一些项目(如文件和文件夹)放在桌面上,并且随意排列它们。

图 2-2　桌面图标

从更广义上讲,桌面有时包括任务栏。任务栏位于屏幕的底部,显示正在运行的程序,并可以在它们之间进行切换。它还包含「开始」按钮，使用该按钮可以访问程序、文件夹和计算机设置。

图标(图 2-2)是代表文件、文件夹、程序和其他项目的小图片。首次启动 Windows 时,将在桌面上至少看到一个图标:回收站。计算机制造商可能已将其他图标添加到桌面上。

2.2.3　任务栏

任务栏是位于屏幕底部的水平长条。与桌面不同的是,桌面可以被打开的窗口覆盖,而任务栏几乎始终可见。它有三个主要部分:①「开始」按钮,用于打开「开始」菜单。②中间部分,显示已打开的程序和文件,并可以在它们之间进行快速切换。③通知区域,包括时钟以及一些告知特定程序和计算机设置状态的图标(小图片)。

1. 跟踪窗口

如果一次打开多个程序或文件,则可以将打开窗口快速堆叠在桌面上。由于窗口经常相互覆盖或者占据整个屏幕,因此有时很难看到下面的其他内容,或者不记得已经打开的内容。

这种情况下使用任务栏会很方便。无论何时打开程序、文件夹或文件,Windows都会在任务栏上创建对应的按钮。按钮会显示已打开程序的图标。在图 2-3 所示的图片中,打开多个程序,每个程序在任务栏上都有自己的按钮。

图 2-3　任务栏打开程序活动窗口图标

请注意突出显示的任务栏按钮是"活动"窗口,意味着它位于其他打开窗口的前面,可以与用户进行交互。若要切换到另一个窗口,可单击它的任务栏按钮。

2. 最小化窗口和还原窗口

当窗口处于活动状态(突出显示其任务栏按钮)时,单击其任务栏按钮会"最小化"该窗口。这意味着该窗口从桌面上消失。最小化窗口并不是将其关闭或删除其内容,只是暂时将其从桌面上删除。

也可以通过单击位于窗口右上角的最小化按钮来最小化窗口。最小化、最大化和还原按钮如图 2-4 所示。

图 2-4　最小化、最大化和还原按钮

最小化按钮在左边,若要还原已最小化的窗口,使其再次显示在桌面上,单击其任务栏按钮。

3. 查看所打开窗口的预览

将鼠标指针移向任务栏按钮时,会出现一个小图片,上面显示缩小版的相应窗口,称为预览(也称为"缩略图")。如果其中一个窗口正在播放视频或动画,则会在预览中看到它正在播放。

注意：仅当 Aero 可在计算机上运行且在运行 Windows 7 主题时，才可以查看缩略图。如果计算机没有运行 Aero，则用鼠标右击任务栏，点"属性"，勾选"使用 Aero Peek 预览桌面"复选框，单击"确定"。如果已经是勾选的，那么先把它取消勾选，"确定"以后，再次勾选就应该可以了。"任务栏和「开始」菜单属性"窗口如图 2-5 所示。

图 2-5 "任务栏和「开始」菜单属性"窗口

4.通知区域

通知区域位于任务栏的最右侧，包括一个时钟和一组图标。它的外观如图 2-6 所示。

图 2-6 任务栏通知区域

这些图标表示计算机上某程序的状态，或提供访问特定设置的途径。用户看到的图标集取决于已安装的程序或服务以及计算机制造商设置计算机的方式。

将指针移向特定图标时，会看到该图标的名称或某个设置的状态。例如，指向音量图标 将显示计算机的当前音量级别。指向网络图标 将显示有关是否连接到网络、连接速度以及信号强度的信息。

双击通知区域中的图标通常会打开与其相关的程序或设置。例如，双击音量图标会打开音量控件。双击网络图标会打开"网络和共享中心"（图 2-7）。

图 2-7　网络和共享中心

有时,通知区域中的图标会显示小的弹出窗口(称为通知),向用户通知某些信息。例如,向计算机添加新的硬件设备安装完成后,可能会如图 2-8 所示。

图 2-8　安装新硬件之后,通知区域显示消息

单击通知右上角的"关闭"按钮 ，可关闭该消息。如果没有执行任何操作,则几秒钟之后,通知会自行消失。

为了减少混乱,如果在一段时间内没有使用图标,Windows会将其隐藏在通知区域中(图 2-9)。如果图标变为隐藏,则单击"显示隐藏的图标"按钮可临时显示隐藏的图标。

图 2-9　通知区域隐藏
图标按钮

单击"显示隐藏的图标"按钮可在通知区域中显示所有图标。

2.2.4 「开始」菜单

「开始」菜单(图 2-10)是计算机程序、文件夹和设置的主门户。之所以称之为"菜单",是因为它提供一个选项列表,就像餐馆里的菜单那样。至于"开始"的含义,在于它通常是要启动或打开某项内容的位置。

使用「开始」菜单可执行下面常见的任务：启动程序，打开常用的文件夹，搜索文件、文件夹和程序，调整计算机设置，获取有关 Windows 操作系统的帮助信息，关闭计算机，注销Windows或切换到其他用户帐户。

若要打开「开始」菜单，单击屏幕左下角的「开始」按钮 。或者，按键盘上的 Windows 徽标键 。

「开始」菜单分为三个基本部分：

（1）左边的大窗格显示计算机上程序的一个短列表。计算机制造商可以自定义此列表，所以其确切外观会有所不同。单击"所有程序"可显示程序的完整列表。

（2）左边窗格的底部是搜索框，通过键入搜索项可在计算机上查找程序和文件。

（3）右边窗格提供对常用文件夹、文件、设置和功能的访问。在这里还可注销 Windows 或关闭计算机。

1. 从「开始」菜单打开程序

「开始」菜单最常见的一个用途是打开计算机上安装的程序。若要打开「开始」菜单左边窗格中显示的程序，可单击它。该程序就打开了，并且「开始」菜单随之关闭。

如果看不到所需的程序，可单击左边窗格底部的"所有程序"（图 2-11）。左边窗格会立即按字母顺序显示程序的长列表，后跟一个文件夹列表。

图 2-10　「开始」菜单　　　　图 2-11　单击"所有程序"，「开始」菜单显示所有程序

　　单击某个程序的图标可启动该程序,并且「开始」菜单随之关闭。这些文件夹中都有什么? 更多程序。例如,单击"附件"就会显示存储在该文件夹中的程序列表。单击任一程序可将其打开。若要返回到刚打开「开始」菜单时看到的程序,可单击菜单底部的"返回"。

　　如果不清楚某个程序是做什么用的,可将指针移动到其图标或名称上。会出现一个框,该框通常包含了对该程序的描述。例如,指向"计算器"时会显示这样的消息:使用屏幕"计算器"执行基本的算术任务。此操作也适用于「开始」菜单右边窗格中的项。

　　随着时间的推移,「开始」菜单中的程序列表也会发生变化。出现这种情况有两种原因。首先,安装新程序时,新程序会添加到"所有程序"列表中。其次,「开始」菜单会检测最常用的程序,并将其置于左边窗格中以便快速访问。

　　2. 搜索框

　　搜索框(图 2-12)是在计算机上查找项目的最便捷方法之一。搜索框将遍历程序以及个人文件夹(包括"文档"、"图片"、"音乐"、"桌面"以及其他常见位置)中的所有文件夹,因此是否提供项目的确切位置并不重要。它还将搜索电子邮件、已保存的即时消息、约会和联系人。

图 2-12　搜索框

　　若要使用搜索框,请打开「开始」菜单并开始键入搜索项。不必先在框中单击。键入之后,搜索结果将显示在「开始」菜单左边窗格中的搜索框上方。

　　对于以下情况,程序、文件和文件夹将作为搜索结果显示:

　　(1) 标题中的任何文字与搜索项匹配或以搜索项开头。

　　(2) 该文件实际内容中的任何文本(如字处理文档中的文本)与搜索项匹配或以搜索项开头。

　　(3) 文件属性中的任何文字(如作者)与搜索项匹配或以搜索项开头。

　　单击任一搜索结果可将其打开。或者,单击"清除"按钮 ✖ 清除搜索结果并返回到主程序列表。还可以单击"查看更多结果" 🔍 查看更多结果 以搜索整个计算机。

　　除可搜索程序、文件和文件夹以及通信之外,搜索框还可搜索 Internet 收藏夹和访问的网站的历史记录。如果这些网页中的任何一个包含搜索项,则该网页会出现在"收藏夹和历史记录"标题下。

　　3. 右边窗格中都有什么

　　「开始」菜单的右边窗格中包含很可能经常使用的部分 Windows 链接。从上到下有:

（1）个人文件夹。个人文件夹是根据当前登录到 Windows 的用户命名的。例如，如果当前用户是 Administrator，则该文件夹的名称为 Administrator。此文件夹依次包含特定于用户的文件，其中包括"文档""音乐""图片"和"视频"文件夹。

（2）文档。打开"文档"文件夹，用户可以在这里存储和打开文本文件、电子表格、演示文稿以及其他类型的文档。

（3）图片。打开"图片"文件夹，用户可以在这里存储和查看数字图片及图形文件。

（4）音乐。打开"音乐"文件夹，用户可以在这里存储和播放音乐及其他音频文件。

（5）游戏。打开"游戏"文件夹，用户可以在这里访问计算机上的所有游戏。

（6）计算机。打开一个窗口，用户可以在这里访问磁盘驱动器、照相机、打印机、扫描仪及其他连接到计算机的硬件。

（7）控制面板。打开"控制面板"，用户可以在这里自定义计算机的外观和功能、安装或卸载程序、设置网络连接和管理用户帐户。

（8）设备和打印机。打开一个窗口，用户可以在这里查看有关打印机、鼠标和计算机上安装的其他设备的信息。

（9）默认程序。打开一个窗口，用户可以在这里选择要让 Windows 运行用于诸如 Web 浏览活动的程序。

（10）帮助和支持。打开 Windows 帮助和支持，用户可以在这里浏览和搜索有关使用 Windows 和计算机的帮助主题。

（11）右窗格的底部是"关机"按钮。单击"关机"按钮关闭计算机。

（12）单击"关机"按钮旁边的箭头可显示一个带有其他选项的菜单，可用来切换用户、注销、锁定、重新启动或睡眠（图 2-13）。

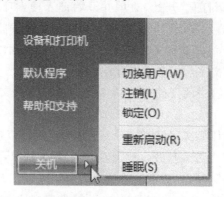

图 2-13　单击"关机"按钮关闭计算机或单击箭头查看更多选项

4. 自定义「开始」菜单

用户可以控制要在「开始」菜单上显示的项目。例如，可以将喜欢的程序的图标附到「开始」菜单以便于访问，也可从列表中移除程序。还可以选择在右边窗格中隐藏或显示某些项目。

（1）将程序图标锁定到「开始」菜单。

如果定期使用程序，可以通过将程序图标锁定到「开始」菜单以创建程序的快捷方式。锁定的程序图标将出现在「开始」菜单的左侧。

右键单击想要锁定到「开始」菜单中的程序图标，然后单击"锁定到「开始」菜单"。

注意：若要解锁程序图标，右键单击它，然后单击"从「开始」菜单解锁"。

若要更改固定的项目的顺序，可将程序图标拖动到列表中的新位置。

（2）从「开始」菜单删除程序图标。

从「开始」菜单删除程序图标不会将它从"所有程序"列表中删除或卸载该程序。

单击「开始」按钮。

右键单击要从「开始」菜单中删除的程序图标，然后单击"从列表中删除"。

（3）移动「开始」按钮。

「开始」按钮位于任务栏上。尽管不能从任务栏删除「开始」按钮，但可以移动任务栏及与任务栏在一起的「开始」按钮。

右键单击任务栏上的空白空间。如果其旁边的"锁定任务栏"有复选标记，请单击它以删除复选标记。

单击任务栏上的空白空间，然后按下鼠标按钮，并拖动任务栏到桌面的四个边缘之一。当任务栏出现在所需的位置时，释放鼠标按钮。

注意：若要将任务栏锁定回去，右键单击任务栏上的空白空间，然后单击"锁定任务栏"，就会出现复选标记。锁定任务栏可帮助防止无意中移动任务栏或调整任务栏大小。

（4）清除「开始」菜单中最近打开的文件或程序的步骤。

清除「开始」菜单中最近打开的文件或程序不会将它们从计算机中删除。

单击打开"任务栏和「开始」菜单属性"。

单击"「开始」菜单"选项卡。若要清除最近打开的程序，请清除"存储并显示最近在「开始」菜单中打开的程序"复选框。若要清除最近打开的文件，请清除"存储并显示最近在「开始」菜单和任务栏中打开的项目"复选框，然后单击"确定"。

（5）调整频繁使用的程序的快捷方式的数目。

「开始」菜单显示最频繁使用的程序的快捷方式。可以更改显示的程序快捷方式的数量（这可能会影响「开始」菜单的高度）。

（6）单击打开"任务栏和「开始」菜单属性"。

单击"「开始」菜单"选项卡，然后单击"自定义"。

在"自定义「开始」菜单"对话框的"要显示的最近打开过的程序的数目"框中，输入想在「开始」菜单中显示的程序数目，单击"确定"，然后再次单击"确定"。

（7）自定义「开始」菜单的右窗格。

可以添加或删除出现在「开始」菜单右侧的项目，如计算机、控制面板和图片。还可以更改一些项目，以使它们显示如链接或菜单。

（8）还原「开始」菜单默认设置。

可以将「开始」菜单还原为其最初的默认设置。

（9）从「开始」菜单搜索程序。

单击「开始」按钮 ，然后在搜索框中键入单词或短语。

（10）将"运行"命令添加到「开始」菜单中。

单击打开"任务栏和「开始」菜单属性"。

单击"「开始」菜单"选项卡，然后单击"自定义"。

在"自定义「开始」菜单"对话框中，滚动选项列表以查找"运行命令"复选框，选中它，单击"确定"，然后再次单击"确定"。

（11）将"最近使用的项目"添加至「开始」菜单的步骤。

单击打开"任务栏和「开始」菜单属性"。

单击"「开始」菜单"选项卡。在"隐私"下，选中"存储并显示最近在「开始」菜单和任务栏中打开的项目"复选框。

单击"自定义"。在"自定义「开始」菜单"对话框中，滚动选项列表以查找"最近使用的项目"复选框，选中它，单击"确定"，然后再次单击"确定"。

2.2.5　桌面小工具

Windows 中包含称为"小工具"的小程序，这些小程序可以提供即时信息以及可轻松访问常用工具的途径。例如，可以使用小工具显示图片幻灯片、查看不断更新的标题或查找联系人。

桌面小工具可以保留信息和工具，供用户随时使用。例如，可以在打开程序的旁边显示新闻标题。这样，如果要在工作时跟踪发生的新闻事件，则无需停止当前工作就可以切换到新闻网站。

用户可以使用"源标题"小工具显示所选源中最近的新闻标题。而且不必停止处理文档，因为标题始终可见。如果看到感兴趣的标题，则可以单击该标题，Web 浏览器就会直接打开其内容。

1. 小工具入门

为了解如何使用小工具，我们将查看以下三个小工具：时钟、幻灯片和源标题。

2. 时钟是如何工作的

右键单击"时钟"时，将会显示可对该小工具进行的操作列表（图 2-14），其中包括关闭"时钟"、将其保持在打开窗口的前端和更改"时钟"的选项（如名称、时区和外观）。

提示：如果指向时钟小工具，则在其右上角附近会出现"关闭"按钮和"选项"按钮（图 2-15）。

①关闭；②选项

图 2-14　右键单击小工具以查看可对其进行的操作的列表　　　　图 2-15　时钟

3.幻灯片是如何工作的

接下来尝试将指针放在幻灯片小工具上，它会在计算机上显示连续的图片幻灯片（图 2-16）。

图 2-16　幻灯片放映

右键单击幻灯片并单击"选项"，可以选择幻灯片中显示的图片、控制幻灯片的放映速度以及更改图片之间的过渡效果。还可以右键单击幻灯片并指向"大小"以更改小工具的大小。

提示：当指向幻灯片时，"关闭""大小"和"选项"按钮将出现在小工具的右上角附近（图 2-17）。

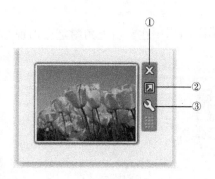

①关闭；②大小；③选项

图 2-17　幻灯片

有些小工具和幻灯片一样，具有"关闭""大小"和"选项"按钮。

1）更改幻灯片图片的步骤

右键单击幻灯片放映，然后单击"选项"。

在"文件夹"列表中，选择要显示的图片的位置，然后单击"确定"。

注意：默认情况下，幻灯片显示"示例图片"文件夹中的项目。

2）设置幻灯片放映速度和过渡效果的步骤

右键单击幻灯片放映，然后单击"选项"。

在"显示每一张图片"列表中，选择显示每张图片的时间（秒）。

在"图片之间的转换"列表中，选择想要的过渡效果，然后单击"确定"。

4. 源标题是如何工作的

源标题可以显示网站中经常更新的标题，该网站可以提供"源"（也称为 RSS 源、XML 源、综合内容或 Web 源）。网站经常使用源来分发新闻和博客。若要接收源，需要 Internet 连接。默认情况下，源标题（图 2-18）不会显示任何标题。若要开始显示一个较小的预选标题集，请单击"查看标题"。

单击"查看标题"之后，可以右键单击"源标题"并单击"选项"从可用源列表中进行选择。可以从 Web 中选择自己的源来添加到此列表中。

图 2-18　源标题

在源标题小工具中显示源的步骤：

右键单击源标题，然后单击"选项"。

在"显示此源"列表中，单击要显示的源，然后单击"确定"。

若要浏览标题，请单击位于源标题小工具下缘的箭头。

5. 我需要有哪些小工具

计算机上必须安装有小工具，才能添加小工具。若要查看计算机上安装的小工具，请执行以下操作：

右键单击桌面,然后单击"小工具"。

单击滚动按钮查看所有小工具。

若要查看有关小工具的信息,请单击该小工具,然后单击"显示详细信息"。

用户可以从 Windows 小工具库联机下载其他小工具。

用户可以将计算机上安装的任何小工具添加到桌面。如果需要,也可以添加小工具的多个实例。例如,如果要在两个时区中跟踪时间,则可以添加时钟小工具的两个实例,并相应地设置每个实例的时间。

【案例 2】添加小工具。

步骤如下:

(1) 右键单击桌面,然后单击"小工具"。

双击小工具将其添加到桌面。

(2) 删除小工具的步骤。

右键单击小工具,然后单击"关闭小工具"。

(3) 组织小工具。

可以将小工具拖动到桌面上的任何新位置。

2.2.6　窗口

每当打开程序、文件或文件夹时,它都会在屏幕上称为窗口。

虽然每个窗口的内容各不相同,但所有窗口都有一些共同点。窗口始终显示在桌面上。大多数窗口都具有相同的基本部分。

典型窗口的各个部分如图 2-19 所示。

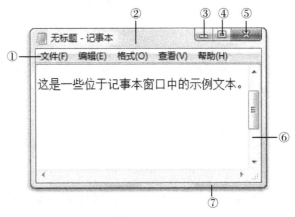

图 2-19　窗口

① 菜单栏;②标题栏;③最小化按钮;④最大化、还原按钮;⑤关闭按钮;⑥滚动栏;⑦边框

标题栏。显示文档和程序的名称(或者如果正在文件夹中工作,则显示文件夹的名称)。

最小化、最大化和关闭按钮。这些按钮分别可以隐藏窗口、放大窗口使其填充整个屏幕以及关闭窗口(下面即将介绍更多相关详细信息)。

菜单栏。包含程序中可单击进行选择的项目。

滚动条。可以滚动窗口的内容以查看当前视图之外的信息。

边框和角。可以用鼠标指针拖动这些边框和角以更改窗口的大小。

其他窗口可能具有其他的按钮、框或栏。但是它们通常也具有基本部分。

1. 移动窗口

若要移动窗口,请用鼠标指针指向其标题栏。然后将窗口拖动到希望的位置。("拖动"意味着指向项目,按住鼠标按钮,用指针移动项目,然后释放鼠标按钮。)

2. 更改窗口的大小

若要使窗口填满整个屏幕,请单击其"最大化"按钮 或双击该窗口的标题栏。

若要将最大化的窗口还原到以前大小,请单击其"还原"按钮 (此按钮出现在"最大化"按钮的位置上)。或者,双击窗口的标题栏。

若要调整窗口的大小(使其变小或变大),请指向窗口的任意边框或角。当鼠标指针变成双箭头时,拖动边框或角可以缩小或放大窗口。

已最大化的窗口无法调整大小。必须先将其还原为先前的大小。

注意:虽然多数窗口可被最大化和调整大小,但也有一些固定大小的窗口,如对话框。

3. 隐藏窗口

隐藏窗口称为"最小化"窗口。如果要使窗口临时消失而不将其关闭,则可以将其最小化。

若要最小化窗口,请单击其"最小化"按钮 。窗口会从桌面中消失,只在任务栏上显示为按钮。

4. 任务栏按钮

若要使最小化的窗口重新显示在桌面上,请单击其任务栏按钮。窗口会准确地按最小化前的样子显示。

5. 关闭窗口

关闭窗口会将其从桌面和任务栏中删除。如果使用了程序或文档,而无需立即返回到窗口时,则可以将其关闭。

若要关闭窗口,请单击其"关闭"按钮 。

注意:如果关闭文档,而未保存对其所做的任何更改,则会显示一条消息,给出选项以保存更改。

6. 在窗口间切换

如果打开了多个程序或文档,桌面会快速布满杂乱的窗口。通常不容易跟踪已打开了哪些窗口,因为一些窗口可能部分或完全覆盖了其他窗口。

　　使用任务栏。任务栏提供了整理所有窗口的方式。每个窗口都在任务栏上具有相应的按钮。若要切换到其他窗口,只需单击其任务栏按钮。该窗口将出现在所有其他窗口的前面,成为活动窗口(即当前正在使用的窗口)。若要轻松地识别窗口,请指向其任务栏按钮。指向任务栏按钮时,将看到一个缩略图大小的窗口预览,无论该窗口的内容是文档、照片,甚至是正在运行的视频(图 2-20)。如果无法通过其标题识别窗口,则该预览特别有用。

图 2-20　指向窗口的任务栏按钮会显示该窗口的预览

　　注意:若要查看缩略图预览,计算机必须支持 Aero。

　　使用 Alt＋Tab 组合键。通过按 Alt＋Tab 组合键可以切换到先前的窗口,或者通过按住 Alt 键并重复按 Tab 键循环切换所有打开的窗口和桌面。释放 Alt 键可以显示所选的窗口。

　　使用 Aero 三维窗口切换(图 2-21)。Aero 三维窗口切换以三维堆栈排列窗口,可以快速浏览这些窗口。使用三维窗口切换的步骤:

　　按住 Windows 徽标键  的同时按 Tab 键可打开三维窗口切换。

　　当按下 Windows 徽标键时,重复按 Tab 键或滚动鼠标滚轮可以循环切换打开的窗口。还可以按"向右键"或"向下键"向前循环切换一个窗口,或者按"向左键"或"向上键"向后循环切换一个窗口。

图 2-21　Aero 三维窗口切换

　　释放 Windows 徽标键可以显示堆栈中最前面的窗口。或者,单击堆栈中某个窗口的任意部分来显示该窗口。

提示：三维窗口切换是 Aero 桌面体验的一部分。如果计算机不支持 Aero,可以通过按 Alt＋Tab 组合键查看计算机上打开的程序和窗口。若要在打开窗口间循环切换,按 Tab 键,再按箭头键,或使用鼠标选择。

现在,已经了解如何移动窗口和调整窗口的大小,可以在桌面上按喜欢的任何方式排列窗口。还可以按以下三种方式之一使 Windows 自动排列窗口:层叠、纵向堆叠或并排(图 2-22)。

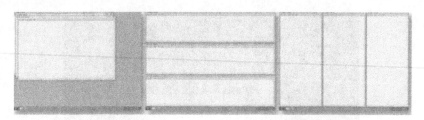

图 2-22　以层叠(左)、纵向堆叠(中)或并排模式(右)排列窗口

若要选择这些选项之一,请在桌面上打开一些窗口,然后右键单击任务栏的空白区域,单击"层叠窗口""堆叠显示窗口"或"并排显示窗口"。

7. 使用"对齐"排列窗口

"对齐"将在移动的同时自动调整窗口的大小,或将这些窗口与屏幕的边缘"对齐"。可以使用"对齐"并排排列窗口、垂直展开窗口或最大化窗口。

8. 并排排列窗口的步骤

将窗口的标题栏拖动到屏幕的左侧或右侧,直到出现已展开窗口的轮廓。

释放鼠标即可展开窗口。

对其他窗口重复步骤 1 和 2 以并排排列这些窗口。

将窗口拖动到桌面的一侧,将其扩展为屏幕大小的一半。

9. 垂直展开窗口的步骤

指向打开窗口的上边缘或下边缘,直到指针变为双头箭头。

将窗口的边缘拖动到屏幕的顶部或底部,使窗口扩展至整个桌面的高度。窗口的宽度不变。

拖动窗口的顶部或底部以将其垂直展开。

10. 最大化窗口的步骤

将窗口的标题栏拖动到屏幕的顶部。该窗口的边框即扩展为全屏显示。

释放窗口使其扩展为全屏显示。

将窗口拖动到桌面的顶部以完全展开该窗口。

2.2.7　对话框

对话框(图 2-23)是特殊类型的窗口,可以提出问题,允许用户选择选项来执行

任务,或者提供信息。当程序或 Windows 需要用户进行响应它才能继续时,经常会
看到对话框。

图 2-23　对话框

如果退出程序但未保存工作,将出现一个对话框。与常规窗口不同,多数对话框
无法最大化、最小化或调整大小。但是它们可以被移动。

2.2.8　使用文件和文件夹

文件是包含信息(如文本、图像或音乐)的项。文件打开时,非常类似在桌面上或
文件柜中看到的文本文档或图片。在计算机上,文件用图标表示;这样便于通过查看
其图标来识别文件类型。

文件夹是可以在其中存储文件的容器。如果在桌面上放置数以千计的纸质文
件,要在需要时查找某个特定文件几乎是不可能的。这就是人们时常把纸质文件存
储在文件柜内文件夹中的原因。计算机上文件夹的工作方式与此相同。

文件夹还可以存储其他文件夹。文件夹中包含的文件夹通常称为"子文件夹"。
可以创建任何数量的子文件夹,每个子文件夹中又可以容纳任何数量的文件和其他
子文件夹。

1. 查找文件

根据拥有的文件数以及组织文件的方式,查找文件可能意味着浏览数百个文件
和子文件夹,这不是轻松的任务。为了省时省力,可以使用搜索框查找文件。

搜索框位于每个窗口的顶部。若要查找文件,请打开最有意义的文件夹或库作
为搜索的起点,然后单击搜索框并开始键入文本。搜索框基于所键入文本筛选当前
视图。如果搜索字词与文件的名称、标记或其他属性,甚至文本文档内的文本相匹
配,则将文件作为搜索结果显示出来。

如果基于属性(如文件类型)搜索文件,可以在开始键入文本前,通过单击搜索
框,然后单击搜索框正下方的某一属性来缩小搜索范围。这样会在搜索文本中添加
一条"搜索筛选器"(如"类型"),它将提供更准确的结果。

如果没有看到查找的文件,则可以通过单击搜索结果底部的某一选项来更改整
个搜索范围。例如,如果在文档库中搜索文件,但无法找到该文件,则可以单击"库"

以将搜索范围扩展到其余的库。

2. 复制和移动文件和文件夹

有时,可能希望更改文件在计算机中的存储位置。例如,可能要将文件移动到其他文件夹或将其复制到可移动媒体(如 CD 或内存卡)以便与其他人共享。

大多数人使用"拖放"的方法复制和移动文件。首先打开包含要移动的文件或文件夹的文件夹。然后,在其他窗口中打开要将其移动到的文件夹。将两个窗口并排置于桌面上,以便可以同时看到它们的内容。

接着,从第一个文件夹将文件或文件夹拖动到第二个文件夹。

使用拖放方法时,可能注意到,有时是复制文件或文件夹,而有时是移动文件或文件夹。如果在存储在同一个硬盘上的两个文件夹之间拖动某个项目,则是移动该项目,这样就不会在同一位置上创建相同文件或文件夹的两个副本。如果将项目拖动到其他位置(如网络位置)中的文件夹或 CD 之类的可移动媒体中,则会复制该项目。

提示:在桌面上排列两个窗口的最简单方法是使用"对齐"。有关详细信息,请参阅使用"对齐"在桌面上并排排列窗口。

3. 创建和删除文件

创建新文件的最常见方式是使用程序。例如,可以在字处理程序中创建文本文档或者在视频编辑程序中创建电影文件。

有些程序一经打开就会创建文件。例如,打开写字板时,它使用空白页启动。这表示空(且未保存)文件。开始键入内容,并在准备好保存工作时,单击"保存"按钮。在所显示的对话框中,键入文件名(文件名有助于以后再次查找文件),然后单击"保存"。

默认情况下,大多数程序将文件保存在常见文件夹(如"我的文档"和"我的图片")中,这便于下次再次查找文件。

当不再需要某个文件时,可以从计算机中将其删除以节约空间并保持计算机不为无用文件所干扰。若要删除某个文件,请打开包含该文件的文件夹或库,然后选中该文件。按键盘上的 Delete 键,然后在"删除文件"对话框中,单击"是"。

删除文件时,它会被临时存储在"回收站"中。"回收站"可视为最后的安全屏障,它可恢复意外删除的文件或文件夹。有时,应清空"回收站"以回收无用文件所占用的所有硬盘空间。

4. 打开现有文件

若要打开某个文件,请双击它。该文件将通常在曾用于创建或更改它的程序中打开。例如,文本文件将在字处理程序中打开。

但是并非始终如此。例如,双击某个图片文件通常打开图片查看器。若要更改图片,则需要使用其他程序。右键单击该文件,单击"打开方式",然后单击要使用的程序的名称。

2.2.9　控制面板的使用

控制面板是 Windows 系统中重要的设置工具之一,方便用户查看和设置系统状态。单击「开始」菜单中选择"控制面板"就可以打开 Windows 7 系统的控制面板。Windows 7 系统的控制面板缺省以"类别"的形式来显示功能菜单,分为系统和安全、用户帐户和家庭安全、网络和 Internet、外观和个性化、硬件和声音、时钟语言和区域、程序、轻松访问等类别,每个类别下会显示该类的具体功能选项。除了"类别",Windows 7 控制面板还提供了"大图标"和"小图标"的查看方式,只需单击控制面板右上角"查看方式"旁边的小箭头,从中选择自己喜欢的形式就可以了。

可以使用两种不同的方法找到要查找的"控制面板"项目:

(1)使用搜索。若要查找感兴趣的设置或要执行的任务,请在搜索框中输入单词或短语。例如,键入"声音"可查找与声卡、系统声音以及任务栏上音量图标的设置有关的特定任务。

(2)浏览。可以通过单击不同的类别(例如,系统和安全、程序或轻松访问)并查看每个类别下列出的常用任务来浏览"控制面板"。或者在"查看方式"下,单击"大图标"或"小图标"以查看所有"控制面板"项目的列表。

提示:如果按图标浏览"控制面板",则可以通过键入项目名称的第一个字母来快速向前跳到列表中的该项目。例如,若要向前跳到小工具,请键入 G,结果会在窗口中选中以字母 G 开头的第一个"控制面板"项目。

1. 查看系统信息

系统信息(也称为"msinfo32. exe")显示有关计算机硬件配置、计算机组件和软件(包括驱动程序)的详细信息。

【案例 3】打开系统信息。

有三种方法来打开。

(1)「开始」菜单,依次单击:所有程序→附件→系统工具→系统信息。

(2)「开始」菜单,在搜索栏输入"系统信息"或者"msinfo32",单击搜索结果。

(3)打开"运行"窗口,输入"msinfo32",按下回车键确认。

打开系统信息后,我们会看到如图 2-24 所示窗口。

系统信息在左窗格中列出了类别,在右窗格中列出了有关每个类别的详细信息。这些类别包括:

(1)系统摘要。显示有关计算机和操作系统的常规信息,如计算机名和制造商、计算机使用的基本输入/输出系统(BIOS)的类型以及安装的内存的数量。

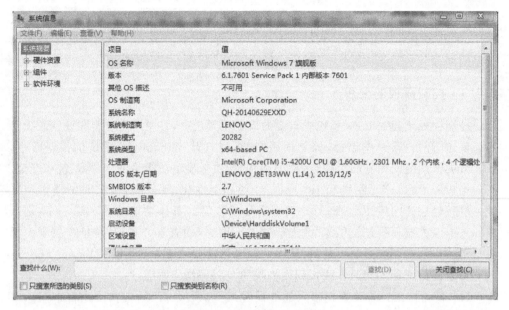

图 2-24　"系统信息"窗口

（2）硬件资源。显示计算机硬件的高级详细信息。

（3）组件。显示有关计算机上安装的磁盘驱动器、声音设备、调制解调器和其他组件的信息。

（4）软件环境。显示有关驱动程序、网络连接以及其他与程序有关的详细信息。

若要在系统信息中查找特定的详细信息，请在窗口底部的"查找内容"框中键入要查找的信息。例如，若要查找计算机的 Internet 协议（IP）地址，则在"查找内容"框中键入 ip address，然后单击"查找"。

2. 创建系统还原点

日常生活和工作中使用计算机，难免会有操作失误或者遇到一些突发情况，例如安装了一个程序或者驱动，导致数据的丢失等。这时，可能卸载程序或驱动已经不起作用，需要我们将系统还原成安装程序或驱动之前的状态，问题也就迎刃而解了。

【案例 4】创建系统还原点。

首先，右键单击"计算机"图标，打开"属性"窗口。单击左侧的"系统保护"。在弹出的"系统保护"选项卡中找到"立刻为启动系统保护的驱动器创建还原点"，然后单击"创建"。这时，系统保护会要求键入所要设定的还原点日期，输入之后再次单击"创建"，系统便会开始自动创建还原点了。键入还原点日期，创建完成时，会有成功创建的提示框出现。这时，我们已经完成所有创建系统还原点的设置，从此刻开始，无论是操作失误还是系统故障，总之遇到解决不了的问题，我们都可以还原到已经创建好的还原点，再也不用担心计算机把我们的数据"弄丢"。

【案例 5】启动还原程序。

（1）单击打开"系统"。

（2）在左侧窗格中，单击"系统保护"。如果系统提示输入管理员密码或进行确认，请键入该密码或提供确认。

（3）在"保护设置"下，单击该磁盘，然后单击"配置"。

选择下列操作之一：

若要还原系统设置和以前版本的文件，请单击"还原系统设置和以前版本的文件"。

若仅要还原以前版本的文件，请单击"仅还原以前版本的文件"。

单击"确定"，然后再次单击"确定"。

另：快速打开系统还原，打开 C 盘，依次进入 C:\Windows\system32 目录，找到名为"rstrui"的文件，这就是系统还原的后台程序，右键单击文件选择"发送到"→"桌面快捷方式"，当想要进行系统还原的时候，只需要在桌面上找到此程序，双击启动即可。或者也可以在「开始」菜单的搜索框中键入"rstrui"之后回车，同样可以快速启动系统还原。

3. 安装打印机

【案例 6】安装打印机

单击「开始」按钮，选择"设备和打印机"进入设置页面。注：也可以通过"控制面板"中"硬件和声音"中的"设备和打印机"进入。在"设备和打印机"页面，选择"添加打印机"，此页面可以添加本地打印机或添加网络打印机。

选择"添加本地打印机"后，会进入到选择打印机端口类型界面，选择本地打印机端口类型后单击"下一步"。

此时需要选择打印机的"厂商"和"打印机类型"进行驱动加载，例如"EPSON LP-2200 打印机"，选择完成后单击"下一步"。注：如果 Windows 7 系统在列表中没有打印机的类型，可以"从磁盘安装"添加打印机驱动。或单击"Windows Update"按钮，然后等待 Windows 联网检查其他驱动程序。

系统会显示出所选择的打印机名称，确认无误后，单击"下一步"进行驱动安装。

打印机驱动加载完成后，系统会出现是否共享打印机的界面，可以选择"不共享这台打印机"或"共享此打印机以便网络中的其他用户可以找到并使用它"。如果选择共享此打印机，需要设置共享打印机名称。

单击"下一步"，添加打印机完成，设备处会显示所添加的打印机。可以通过"打印测试页"检测设备是否可以正常使用。

注意：如果计算机需要添加两台打印机时，在第二台打印机添加完成页面，系统会提示是否"设置为默认打印机"以方便使用。也可以在打印机设备上"右键"选择"设置为默认打印机"进行更改。

4. 设置桌面背景

Windows 7 的桌面背景功能其实相比 Windows XP 有了很大的提升，有更多的功能供用户来选择，现在我们就来看看它有什么样的改变。

Windows 7 的透明界面大家都有所体会了，再配合一张精美的桌面壁纸会更加让人赏心悦目。Windows 7 的桌面背景功能其实相比 Windows XP 有了很大的提升，有更多的功能供用户来选择，现在我们就来看看它有什么样的改变。我们怎么来操作呢？

【案例 7】设置个性化桌面

首先在桌面上右键单击选择"个性化"命令。

打开"个性化"窗口后，单击"桌面背景"链接。

这时我们就看到桌面背景的界面了，可以看得出，Windows 7 的壁纸设置和 Windows XP 以及 Windows Vista 都有所不同。默认显示的是微软提供的桌面壁纸，内容其实相当的丰富精彩，比 Windows XP 里面的那几张单调的桌面相比，有了质的飞跃。

当然，除了微软默认的桌面，我们还可以选择我们自己的图片。单击"图片位置"，会出现下拉菜单，如果图片都存在"图片库"中的话，它就会显示出图片库中所有的图片。当然如果图片放在别的目录，单击旁边的浏览就可以选择了。

而且可以注意到，每一幅图片都被勾选上了，这个是做什么用的？这个功能是让 Windows 7 在规定的时间内自动更换桌面，只要选择了喜欢的图片，然后修改下方的"更改图片时间间隔"选项，这里换成需要的时间。选择"10 秒"，然后单击"保存修改"，这样桌面就会每 10 秒变换一次了（图 2-25）。

图 2-25　设置桌面背景

5.设置安全的帐户

Windows 7 非常安全,黑客要想通过网络控制用户的计算机是非常困难的一件事。但如果 Windows 7 管理员帐户没有加密,可能会被人在计算机上直接登录管理员帐户从而直接控制计算机。

【案例 8】为管理员帐号加密。

单击「开始」菜单→控制面板→用户帐户和家庭安全→"用户帐户"→"为您的帐户创建密码"就能成功添加密码,为 Windows 7 管理员帐户增加一个只有自己才知道的密码,那安全性就大大提高了。

【案例 9】禁用 Guest 帐户。

如果计算机不是公用计算机,那这个 Guest 用户就禁用吧。这样设置可以让系统更安全。

以管理员的权限登录,打开控制面板,选择"用户帐户和家庭安全",在"用户帐户"下选择"添加或删除用户帐户",选择来宾帐户(Guest),然后单击"关闭来宾帐户"。

【案例 10】创建一个标准帐户。

创建一个 Windows 7 标准帐户,在 Windows 7 标准帐户下,能用到所有的软件,但如果软件程序要对系统进行修改时得通过批准才行。因此,安全性大大提高。

单击「开始」菜单,随后单击"控制面板"。在"控制面板"中单击"添加或删除用户帐户"。在"管理帐户"面板中单击"创建一个新帐户"。在"创建新帐户"面板中输入我们的新帐户名称,而帐户类型则选择"标准用户",然后单击"创建帐户"。

现在我们就能够在"管理帐户"面板中看到之前新添加的标准用户。

安全至上的做法就是,为 Windows 7 的标准帐户创建密码。这样别人(例如办公室的其他人)就不能查看计算机了。

2.2.10　使用资源管理器

资源管理器(图 2-26)可以以分层的方式显示计算机内所有文件的详细图表。使用资源管理器可以更方便地实现浏览、查看、移动和复制文件或文件夹,用户可以不必打开多个窗口,而只在一个窗口中就可以浏览所有的磁盘和文件夹。

打开资源管理器的方法有如下:

(1) 开始→所有程序→附件→资源管理器。

(2) 右击「开始」菜单选择打开资源管理器。

(3) 双击我的电脑。

(4) 直接按 Windows 徽标键加字母 E。其实可以把资源管理器锁定到任务栏,在资源管理器上右击选择锁定到任务栏,任务栏里的图标还可以换位置,单击拖动就可以了。

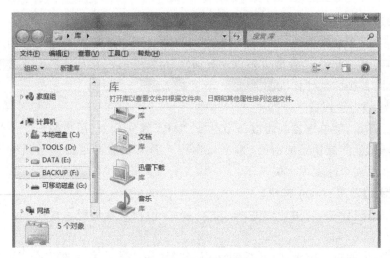

图 2-26　资源管理器

　　在 Windows 资源管理器窗口中,左侧窗格显示所有收藏夹、库、磁盘和文件夹列表,窗口下边用于显示待定的磁盘和文件夹信息。右侧窗格显示的是左侧窗格中所选定文件夹的内容(包括文件与子文件夹)。

　　在 Windows 资源管理器窗口左侧窗格中,若收藏夹、库、磁盘驱动器或文件夹前面有三角符号,它表示该驱动器或文件夹中还包含下一级子项目,单击该三角符号后,可展开或折叠其所包含的项目。

　　在左侧窗格中选定不同项目,右侧窗格将显示不同的内容,但显示方式一样,而且可以选择"查看"菜单中的"详细信息"选项在右侧窗格中显示每个项目的详细信息。

　　利用"查看"菜单控制窗口的外观显示。单击"查看",弹出资源管理器窗口的"查看"菜单。通过选择下面各"查看"菜单的选项,就可以控制窗口的显示外观。

　　(1)"工具栏"选项:该选项用于控制是否在菜单栏下方显示工具栏;

　　(2)"状态栏"选项:该选项用于控制窗口底边是否显示状态栏提示;

　　(3)"浏览器栏"选项:该选项用于控制窗口是否显示与浏览器有关的选项,如搜索、收藏夹、历史记录等;

　　(4)"按 Web 页"选项:该选项用于控制窗口是否显示提供描述信息的面板;

　　(5)"大图标"选项:每个对象的图标都以大图形方式显示出来,在此视图中,如果窗口中有许多对象,查看时就得做许多滚动工作;

　　(6)"小图标"选项:每个对象的图标都以图形方式显示出来,以便一次能看到更多的对象。在此视图中,图标在屏幕上排列,并出现一个垂直滚动条,可以在窗口中垂直滚动查看更多的对象;

　　(7)"列表"选项:与"小图标"选项一样,只是要用水平滚动条查看超出窗口的对象；

（8）"详细资料"选项：显示小图标及每个文件夹和文件的详细信息；

（9）"排列图标"选项：让用户选择按名称、类型、大小、日期排列文件和文件夹图标顺序；

（10）"对齐图标"选项：在窗口中以整齐的方式排列图标；

（11）"刷新"选项：更新窗口来显示新添加的文件；

（12）"文件夹选项"：为用户浏览文件夹、文件提供一些选择。例如，要确定是否显示隐藏文件和文件夹，是否显示文件的扩展名等；可双击"查看"菜单中的"文件夹选项"，再单击"查看"标签，就出现"文件夹选项"对话框。

查看磁盘信息，在 Windows 资源管理器窗口左侧窗格中，右击所要查看盘的驱动器图标，在弹出的菜单中选择"属性"命令，出现一个对话框（图 2-27），从该框中可看到有关该磁盘的描述信息。

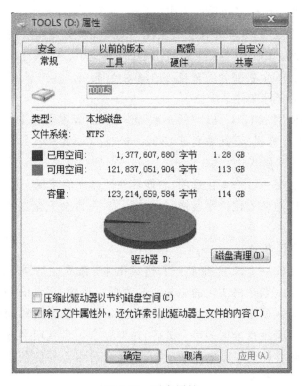

图 2-27　磁盘属性

2.2.11　磁盘管理

1. 磁盘格式化

硬盘是计算机上的主要存储设备，使用前需要进行格式化。在格式化磁盘时，使用文件系统对其进行配置，以便 Windows 可以在磁盘上存储信息。运行 Windows 的新计算机中的硬盘已进行了格式化。如果购买附加硬盘来扩展计算机的存储，则可能需要对其进行格式化。

存储设备（如 USB 闪存驱动器和闪存卡）通常已由制造商预先格式化，因此可能不需要进行格式化。CD 和 DVD 使用的格式与硬盘和可移动存储设备使用的格式不同。

警告：格式化会擦除硬盘上现有的所有文件。如果格式化有文件的硬盘，这些文件将被删除。

（1）何时需要格式化磁盘或驱动器？

通常，仅当向计算机中添加其他存储时才需要格式化磁盘。如果在计算机上安装新硬盘，则必须使用文件系统（如 NTFS）对该硬盘进行格式化，然后 Windows 才能在上面存储文件。

（2）格式化硬盘前需要做哪些工作？

在格式化硬盘之前，必须先在上面创建一个或多个分区。对硬盘进行分区后，即可格式化每个分区。（术语"卷"和"分区"经常互换使用。）可以对硬盘分区，使其包含一个卷或多个卷。每个卷都分配有自己的驱动器号。

（3）应该使用哪种文件系统？

对硬盘最好使用 NTFS。以前的某些 Windows 版本需要 FAT32，因此在某些环境下（如多引导计算机）可能需要 FAT32。8 1 36A 3 3 8

（4）什么是快速格式化？

"快速格式化"是一种格式化选项，它能够在硬盘上创建新文件表，但不会完全覆盖或擦除磁盘。快速格式化比普通格式化快得多，后者会完全擦除硬盘上现有的所有数据。

（5）什么是分区和卷？

分区是硬盘上的一个区域，能够进行格式化并分配有驱动器号。在基本磁盘（最常见的磁盘类型）上，卷是格式化的主分区或逻辑驱动器。（术语"卷"和"分区"经常互换使用。）系统分区通常标记为字母 C。字母 A 和 B 留给可移动驱动器或软盘驱动器。某些计算机将硬盘分区为单个分区，这样整个硬盘就用字母 C 表示。其他计算机可能有一个包含恢复工具的附加分区，以免 C 分区上的信息被损坏或不可用。

（6）如何创建更多分区？

仅当硬盘包含"未分配的"空间（不属于现有分区或卷的未格式化空间）时，才能创建更多分区或卷。若要创建未分配的空间，可以收缩卷或使用第三方分区工具。

（7）重新格式化硬盘有何作用？

"重新格式化"指的是对已格式化的或包含数据的硬盘或分区进行格式化。对磁盘进行重新格式化将删除该磁盘上的所有数据。

在 Windows 的一些较旧版本中,作为一种解决计算机严重问题的方法,有时会建议用户重新格式化硬盘并重新安装 Windows。虽然重新格式化可以解决该问题,但却以删除计算机上的所有内容为代价。在重新格式化之后,必须使用原始安装文件或光盘重新安装程序,然后从事先创建的备份中还原所有个人文件,如文档、音乐和图片。

Windows 7 提供了多个恢复选项,这些选项对系统产生的影响较小,且为开始解决计算机问题提供了更好的环境。在使用了所有其他恢复选项或诊断选项均无法解决问题的情况下,才应考虑将重新格式化和重新安装作为最后一种可行方案。

(8) 为什么在重新格式化硬盘时会遇到错误?

无法对当前正在使用的磁盘或分区(包括包含 Windows 的分区)进行重新格式化。这是一项安全功能,可避免意外删除 Windows。若要重新格式化计算机的硬盘并重新安装 Windows,请使用 Windows 安装光盘重新启动计算机(这通常称为从安装光盘"引导")。在安装过程中,可以重新分区以及重新格式化硬盘,然后重新安装 Windows。该安装过程将擦除文件和程序,因此请务必在安装过程开始之前对数据和程序文件进行备份。

2. 磁盘清理

为了释放硬盘上的空间,磁盘清理会查找并删除计算机上确定不再需要的临时文件。如果计算机上有多个驱动器或分区,则会提示选择希望磁盘清理清理的驱动器。

执行磁盘清理具体操作如下:

单击"开始"菜单,打开"磁盘清理"。选择"所有程序"→"附件"→"系统工具"→"磁盘清理"。

打开"磁盘清理:驱动器选择"对话框,如图 2-28 所示。

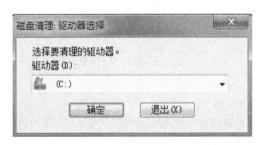

图 2-28　"磁盘清理:驱动器选择"对话框

在该对话框中选择要清理的驱动器,选择后单击"确定"按钮,可弹出该驱动器的"磁盘清理"对话框,选择"磁盘清理"选项卡(图 2-29)。

注意:以下是打开"磁盘清理"的另一种方法:单击「开始」按钮 。在"搜索"框中键入"磁盘清理",然后在结果列表中双击"磁盘清理"。

图 2-29　"磁盘清理"选项卡

习　　题

1. 设置鼠标滚动一个齿格时,行数为 4 行。将窗口画面保存为"鼠标滚轮设置.jpg"。

2. 设置自动隐藏任务栏,取消锁定任务栏,并使用小图标,将窗口画面保存为"任务栏设置 1. jpg"。

3. 设置任务栏按钮为"始终合并,隐藏标签",锁定任务栏,不使用小图标,将窗口画面保存为"任务栏设置 2.jpg"。

4. 设置电源按钮操作为"锁定",并显示最近在「开始」菜单中打开的程序。将窗口画面保存为"菜单设置.jpg"。

5. 在任务栏中显示地址工具栏。

6. 设置 Windows 7 桌面背景为纯色,颜色为橙色。将该对话框截图,保存文件名为"设置桌面背景.jpg"。

7. 在 D 盘根目录上建立一个文件夹,文件夹的名字为自己的名字＋"_win7_12",完成后文件夹名如"张三_win7_12"。

8. 在浏览文件和文件夹时,文件和文件夹的扩展名没有显示出来,请将其显示出来。

9. 在计算机上搜索.JPG 图片文件,并将其中的前 3 个图片复制到考生文件夹中。

10. 创建画图程序的桌面快捷方式。

11.将"我的电脑"图标的图形部分换一种效果(电脑形状)。

12.在桌面右上角添加 Windows 7 小工具"时钟",并将其不透明度调整为 60%。

13.设置窗口颜色(窗口边框、「开始」菜单和任务栏的颜色)为"黄昏",启用透明效果。

14.在 D 盘新建一个名为 111.txt 的文本文档,并将其设置为隐藏属性。

15.隐藏/恢复桌面上"我的电脑"图标。

16.在「开始」菜单中添加"运行"项目。

17.将音量设置为静音,并将任务栏中的音量图标隐藏。

18.创建一个名为"st111"的帐户,帐户的密码为"123",帐户类型为"标准用户",图片为"足球"。删除这个帐户。

第3章 中文文字处理软件 Word 2010 的使用

Word 2010 是办公自动化软件 Office 2010 中的一个组件,由 Microsoft 公司开发,其主要功能是文字处理,是目前功能强大的文字处理软件之一。本章主要学习利用 Word 2010 编辑文档、美化文档、处理表格,以及图文混排的方法,实现"所见即所得"的编辑排版效果。

3.1 认识 Word 2010

3.1.1 Word 2010 的启动、退出

在 Windows 操作系统中安装 Office 2010 办公软件后,即可使用 Word 2010。系统提供了多种方法来启动和退出 Word 2010,用户可以根据个人的习惯选择任何一种方法。

【案例 1】启动 Word 2010。

方法一:单击"开始"→"所有程序"→"Microsoft Office"→"Microsoft Office Word 2010"命令,进入 Word 2010。

方法二:在桌面上双击快捷方式图标启动 Word 2010。

提示:使用该方法的前提是桌面上已经建立了 Word 2010 的快捷方式图标,建立方法如下:

(1) 指向"开始"→"所有程序"→"Microsoft Office"→"Microsoft Office Word 2010"命令;

(2) 用鼠标左键拖动该项目到桌面上,即可建立一个快捷方式。

方法三:通过打开一个已存在的 Word 文档来启动 Word 2010 程序。

【案例 2】退出 Word 2010。

方法一:单击 Word 2010 窗口标题栏右上角的"关闭"按钮。

方法二:单击"文件"选项卡→"退出"命令。

方法三:单击 Word 2010 窗口标题栏左上角的图标 W →"关闭"命令。

方法四:双击 Word 2010 窗口标题栏左上角的图标 W。

方法五:Alt+F4 组合键,将当前打开的 Word 2010 窗口关闭。

3.1.2 认识 Word 2010 的工作界面

启动 Word 2010 后,屏幕上就会出现 Word 2010 的工作界面,如图 3-1 所示。

Word 2010 的工作界面主要包括标题栏、快速访问工具栏、"文件"选项卡、功能区、文本编辑区、"导航"窗格和状态栏。

（1）标题栏。显示正在编辑的文档的文件名以及所使用的软件名，还提供了三个窗口控制按钮："最小化"按钮、"最大化"按钮/"还原"按钮、"关闭"按钮。

（2）快速访问工具栏。常用命令位于此处，例如，"保存"和"撤销"。也可以添加个人常用命令。单击右边的"自定义快速访问工具栏"按钮▼，在弹出的菜单中可以选择要添加的工具按钮。

（3）"文件"选项卡。基本命令（如"新建""打开""关闭""另存为..."和"打印"）位于此处。

（4）功能区。功能区是菜单和工具栏的主要呈现区域，几乎涵盖了所有的按钮、库和对话框，功能区首先将控件对象分为多个选项卡，然后在选项卡中将控件细化为不同的组。它与其他软件中的"菜单"或"工具栏"相同。

（5）文本编辑区。用户工作的主要区域，用来实现文档、表格、图表等的显示和编辑。

（6）"导航"窗格。窗格中的上方是搜索框，用于搜索文档中的内容，在下方的列表框中通过单击▤、▦、▤按钮，分别可以浏览文档中的标题、页面和搜索结果。

（7）状态栏。显示正在编辑的文档的相关信息。

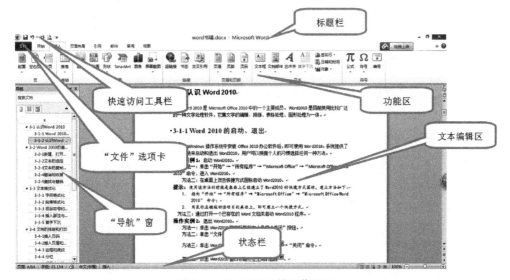

图 3-1　Word 2010 的工作界面

3.2　Word 2010 的基本操作

Word 2010 中的基本操作就是文档的编辑。在对文档进行编辑之前，首先要创建一个文档，然后再对创建的文档进行打开、编辑、保存和关闭的操作。

3.2.1　新建、打开、保存和关闭文档

创建新文档的时候，系统会依照默认文档名称"文档 1""文档 2"……的顺序命名文档。

【案例 3】在 D 盘下的"word"子目录建立一个名为"互联网创造商机"的文档。

1. 新建 Word 文档

用户启动 Word 2010 后，就会自动创建一个名为"文档 1"的空白文档。此外，我们可以通过以下三种方法创建新文档。

方法一：单击"文件"选项卡→"新建"按钮→在可用模板中选择"空白文档"，单击"创建"按钮，即可创建一个空白文档。

方法二：单击快速访问工具栏上的▾按钮，从中选择"新建"命令，"新建"按钮▯便出现在快速访问工具栏上，单击此按钮，即可创建一个空白文档。

方法三：按 Ctrl＋N 组合键可创建一个空白文档。

2. 保存 Word 文档

保存文档可在新建文档之后进行，也可在编辑文档的过程中，或在文档关闭之前进行。

方法一：单击"文件"选项卡→"保存"按钮，将会打开"另存为"对话框，如图 3-2 所示。

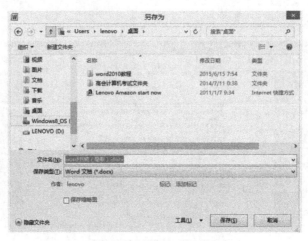

图 3-2　"另存为"对话框

在"另存为"对话框中选择保存路径，如：D 盘下的"word"子目录；在"文件名"文本框中输入文件名称，如互联网创造商机；在"保存类型"下拉列表中选择文件的保存类型，如"Word 文档（＊.docx）"，这也是系统默认的文件格式（扩展名为.docx）。单击"保存"按钮，即可保存当前文件。

方法二：单击快速访问工具栏上的"保存"按钮▮，或按 Ctrl＋S 组合键，该操作

等同于单击"文件"选项卡→"保存"按钮。

　　方法三：单击"文件"选项→"另存为"按钮，打开"另存为"对话框，设置同方法一。

　　提示：按方法一、二保存文档时，如是初次保存，将会弹出如图 3-2 所示的对话框，否则将不弹出对话框，直接保存。

　　3. 关闭 Word 文档

　　单击"文件"选项卡→"关闭"按钮。

　　提示：若文档内容自上次存盘后没有进行更新，则可顺利关闭；否则在关闭该文档时，将弹出如图 3-3 所示的对话框，询问用户是否保存所作的修改，单击"保存"，即可保存并关闭该文档；单击"不保存"，将取消对该文档所做的修改并关闭之；单击"取消"，则关闭文档的操作被中止。

图 3-3　关闭文档提示对话框

　　4. 打开 Word 文档

　　方法一：单击"文件"选项卡→"打开"按钮，打开"打开"对话框，如图 3-4 所示。选择文件所在位置，如：D 盘下的"word"子目录；再选中要打开的文件名"互联网创造商机"后，单击"打开"按钮，或直接双击该文件名。

　　注意：一次打开多个连续的文档时，可按住 Shift 键进行选择；一次打开多个不连续的文档时，可按住 Ctrl 键进行选择。

　　方法二：单击快速访问工具栏上的 ▼ 按钮，从中选择"打开"命令，"打开"按钮 📂 便出现在快速访问工具栏上，单击此按钮，或直接按 Ctrl＋O 组合键，均可打开"打开"对话框，如图 3-4 所示。该操作等同于单击"文件"选项卡→"打开"按钮。

图 3-4　"打开"对话框

方法三：打开最近使用过的文档。单击"文件"选项卡→"最近所用文件"按钮，用户可看到系统窗口中分为"最近使用的文档"和"最近的位置"两个列表框，在"最近使用的文档"中选择某个文件名，可快速打开该文档。

5. 输入文本

选择输入法，从插入点处（光标闪烁处）输入如下文字内容：

> 通常，Internet 为商家提供了以下三种显著的商业机会。
>
> 第一，企业通过 Internet 可直接与顾客（也可以与重要的供货商、销售商）建立联系，简捷、方便地完成交易或传递信息，并在商业活动"价值链"中超越一些不必要的中间环节。
>
> 第二，企业可利用 Internet 为新客户提供新产品及各种服务。
>
> 第三，企业可利用 Internet 成为特定行业或部门电子销售渠道的"霸主"，主导顾客消费理念，指定新的商业规则。
>
> 根据以上三点，决策者们可权衡 Internet 商务投资过程中存在的风险和可能带来的收益，进而从本企业实际出发，制定一个稳妥的 Internet 商务战略。

注意：

（1）按下 Enter 键，表示一个段落结束，下一个段落开始。

（2）按下空格键，在插入点左侧插入一个空格。

（3）按 Insert 键可实现插入状态与改写状态的切换。启动 Word 2010 后，默认为插入状态，即在插入点录入内容，后面的字符依次后退。若切换到改写状态，则录入的内容将覆盖插入点的字符。

（4）按下 Backspace 键，删除插入点左侧的一个字符。

（5）按下 Delete 键，删除插入点右侧的一个字符。

6. 插入符号

在输入的文本中第一段后插入符号☺，在"第一""第二""第三"前插入符号§，方法如下：

移动到要插入符号的地方，单击"插入"选项卡→"符号"组，如果插入过符号，单击"符号"按钮后，显示一些可以快速添加的符号，如果没找到要添加的符号，单击"其他符号"命令，打开如图 3-5 所示的对话框，选择"符号"选项卡，在"字体"下拉列表中选择"Wingdings"，在下面的列表框里选择要插入的符号☺，单击"插入"按钮。

再选择"特殊字符"选项卡，打开如图 3-6 所示的对话框，选择要插入的特殊字符"§"，单击"插入"按钮。

3.2.2　文本的选定

编辑文档时经常要对文本进行选中操作，常用的文本选择方法如下：

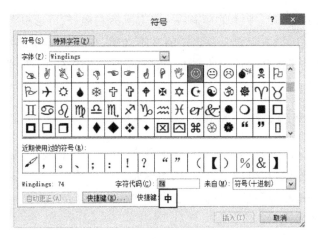

图 3-5　"符号"选项卡

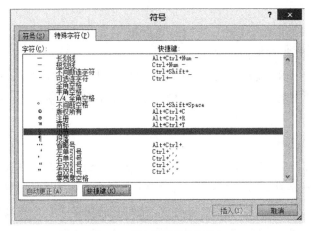

图 3-6　"特殊字符"选项卡

（1）任意区域：将光标移至要选择区域开始为止，单击并拖动鼠标左键至区域结束位置。

（2）整行文字：将鼠标移到该行的最左边，当指针变为"↗"后，单击鼠标左键选定该行，向下拖动，则选定连续的多行文字。

（3）整段：将鼠标移到该段任何一行的最左边，当指针变为"↗"后，双击鼠标左键，选择该段，向上或向下拖动鼠标，可选定连续的多个段落。在一个段落内任意位置，连击三次鼠标左键也可选择该段落。

（4）词组：将插入点置于词组中间或左侧，双击鼠标左键可快速选中该词组。

（5）矩形文本区域：将鼠标的插入点置于预选文本的一角，按住 Alt 键，拖动鼠标左键到矩形区域结束位置，即可选定该文本块。

（6）整篇文档：使用"编辑"→"全选"命令，或按住 Ctrl＋A 组合键，或将鼠标移到文档任意行的左边,当指针变为"⤢"后,三击鼠标左键,均可选中整篇文档。

另外,将鼠标的插入点置于要选定的文本之前,单击鼠标左键,确定要选择文本的初始位置,移动鼠标到要选定的文本区域末端后,按住 Shift 键,单击鼠标左键,也可以选择一个区域。

3.2.3 文本的复制、移动、删除

【案例4】将 D 盘下的"word"子目录下名为"互联网创造商机"的文档中的第一段复制后作为一个新的段落放在最后一段的后面。

复制文本是指在原位置和目标位置显示同样的内容。

本例的具体做法为:

(1) 选定第一段。

(2) 复制。

方法一:直接拖动法。按住 Ctrl 键,然后按住鼠标左键拖动文本到目标位置,即可将选中的文本复制到新的位置。

方法二:利用"剪贴板"。①单击"开始"选项卡→"剪贴板"组→"复制"按钮⤢。②在原位置上按下 Ctrl+C 组合键。③单击右键,在弹出的快捷菜单中选择"复制"。

(3) 粘贴。

对上述方法二,还需对复制的文本进行粘贴。在最后一段的末尾按 Enter 键,另起一段,然后进行粘贴,方法如下:①单击"开始"选项卡→"剪贴板"组→"粘贴"按钮⤢。②按下 Ctrl+V 组合键。③单击右键,在弹出的快捷菜单中选择"粘贴"。

【案例5】接上例,将以"第一……""第二……"开头的两个段落交换,将上例中复制出的段落删除,效果如图 3-7 所示。

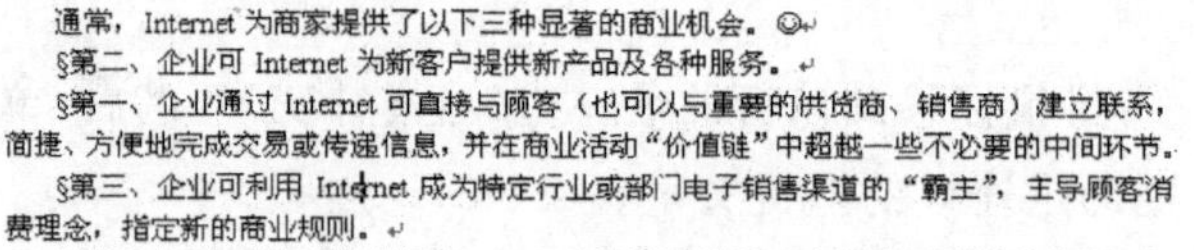

通常, Internet 为商家提供了以下三种显著的商业机会。
§第二、企业可 Internet 为新客户提供新产品及各种服务。
§第一、企业通过 Internet 可直接与顾客(也可以与重要的供货商、销售商)建立联系,简捷、方便地完成交易或传递信息,并在商业活动"价值链"中超越一些不必要的中间环节。
§第三、企业可利用 Internet 成为特定行业或部门电子销售渠道的"霸主",主导顾客消费理念、指定新的商业规则。
根据以上三点,决策者们可权衡 Internet 商务投资过程中存在的风险和可能带来的收益,进而从本企业实际出发,制定一个稳妥的 Internet 商务战略。

图 3-7 案例 5 效果图

移动是指将文本从原位置移动到目标位置,原位置不再显示该文本。

本例的具体做法为:

(1) 选定以"第二……"开始的段落(包括后面的"⤢")。

(2) 移动。

方法一:直接拖动法。按住鼠标左键拖动文本到以"第一……"开头的段落前,松

开鼠标,即可将两段交换。

方法二:利用"剪贴板"。①单击"开始"选项卡→"剪贴板"组→"剪切"按钮 。②在原位置上按下 Ctrl＋X 组合键。③单击右键,在弹出的快捷菜单中选择"剪切"。

(3) 粘贴。

对上述方法二,还需对剪切的文本进行粘贴。方法同上例。

(4) 删除。

选择最后一段(即上例复制出的第一段),按如下方法删除:①单击"开始"选项卡→"剪贴板"组→"剪切"按钮 。②按 Delete 键。

3.2.4　撤销和恢复

当用户编辑或排版文档时,难免会出现错误,或对处理效果感到不满意时,可以利用撤销和恢复操作进行修改,极大地提高了工作效率。

1.撤销

Word 能记住操作细节,因此当出现误操作时可以执行撤销操作。撤销操作能够撤销之前做过的一步或多步操作,使文档还原到操作之前的状态。撤销有以下几种实现形式:

(1) 单击快速访问工具栏上的"撤销"按钮 ,或按 Ctrl＋Z 组合键,撤销最后一步操作。

(2) 单击快速访问工具栏上的"撤销"按钮右侧的下拉箭头 ,打开如图 3-8 所示的撤销操作列表,里面保存了可以撤销的操作。选择其中的一项,如"字体格式",则该项及其前面的所有操作(颜色所覆盖的命令)都将被撤销。

图 3-8　"撤销"
按钮下拉列表

2.恢复

执行完"撤销"命令后,"撤销"按钮右边的"恢复"按钮 将被置亮,表明已经进行过撤销操作。此时用户又想恢复"撤销"操作之前的内容,则可执行恢复操作。做法如下:

单击快速访问工具栏上的"恢复"按钮 或按 Ctrl＋Y 组合键,恢复最后一次的撤销操作。

3.2.5　查找与替换

查找功能可以帮助用户快速定位到目标位置以便快速找到想要的信息。查找功能可分为查找和高级查找。

1. 查找

使用"查找"命令可以快速地找到需要的文本。

具体做法为：

（1）单击"开始"选项卡→"编辑"组→"查找"按钮 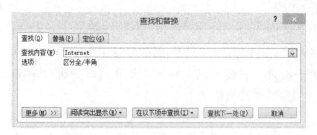 右侧的倒三角，在弹出的菜单中选择"查找"命令，文档左侧将会出现"导航"任务窗格；

（2）在"搜索文档"的文本框中输入待查找的文本内容，如在图 3-7 所示的文本中查找"企业"，此时输入"企业"，文本框下方将提示"4 个匹配项"，同时文档中查找到的内容自动涂成黄色；

（3）单击"导航"窗格的"下一处"按钮 ，定位第一个匹配项，再次单击该按钮，可找到下一个匹配项。

提示：查找是以光标所在位置为起始的。

2. 高级查找

使用"高级查找"命令可以打开"查找和替换"对话框，使用该对话框也可以快速找到要查找的内容。

具体做法为：

（1）单击"开始"选项卡→"编辑"组→"查找"按钮 右侧的倒三角，在弹出的菜单中选择"高级查找"命令，打开"查找与替换"对话框；

（2）在"查找"选项卡（图 3-9）的"查找内容"文本框中输入待查找的文本内容；

图 3-9　"查找"选项卡

（3）单击"查找下一处"按钮，此时 Word 开始查找。如果未找到，则弹出提示信息对话框，提示未找到搜索项。单击"确定"返回。如果查找到文本，Word 将会定位到文本位置，并将其背景涂成淡蓝色。

3. 替换

替换功能可以帮助用户方便快捷地将查找到的文本更改或批量修改相同的内容。

【案例 6】将图 3-7 所示文档中查找到的单次的"Internet"替换成"因特网"（如：第一处、第三处，……），而双次的不替换（如：第二处、第四处，……），并将替换后的"因特网”设置为隶书、四号、红色字，加着重号。效果如图 3-10 所示。

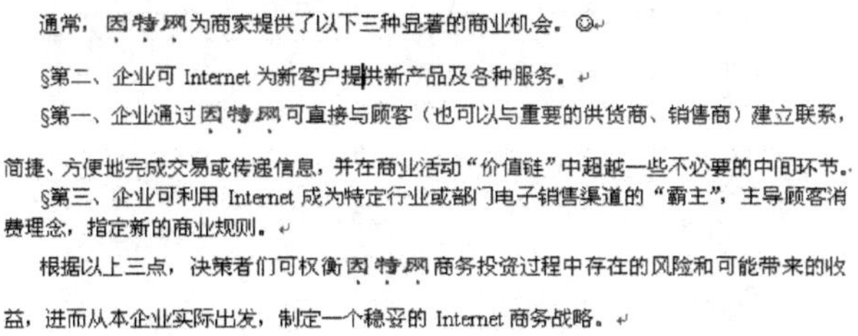

通常，因特网为商家提供了以下三种显著的商业机会。

§第二、企业可 Internet 为新客户提供新产品及各种服务。

§第一、企业通过因特网可直接与顾客（也可以与重要的供货商、销售商）建立联系，简捷、方便地完成交易或传递信息，并在商业活动“价值链”中超越一些不必要的中间环节。

§第三、企业可利用 Internet 成为特定行业或部门电子销售渠道的“霸主”，主导顾客消费理念，指定新的商业规则。

根据以上三点，决策者们可权衡因特网商务投资过程中存在的风险和可能带来的收益，进而从本企业实际出发，制定一个稳妥的 Internet 商务战略。

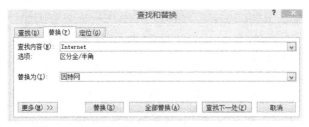

图 3-10　案例 6 效果图

（1）将光标置于文档开始处。

（2）单击“开始”选项卡→“编辑”组→“替换”按钮，打开“查找和替换”对话框，选择“替换”选项卡，如图 3-11 所示。

图 3-11　“替换”选项卡

（3）在“查找内容”编辑框中输入要查找的内容：Internet。

（4）在“替换为”编辑框中输入要替换的内容：因特网。

（5）单击“更多”按钮，可展开更多对话框，如图 3-12 所示。

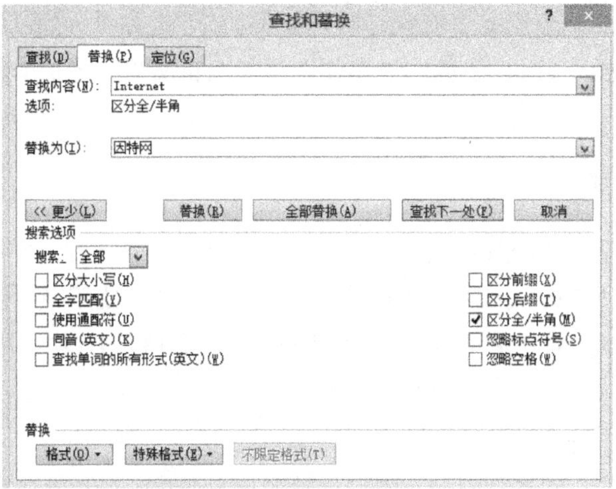

图 3-12　“替换”更多选项卡

（6）将鼠标置于“因特网”所在的文本框中，单击“格式”按钮，选择“字体”命令，打开“查找字体”对话框，如图 3-13 所示。在“中文字体”中选择“隶书”，“字号”中选择"四号","字体颜色"中选择"红色",并选择"着重号"。单击"确定"按钮。

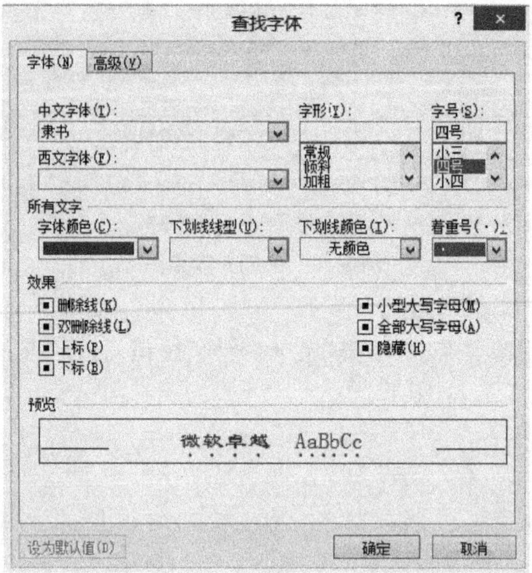

图 3-13 "查找字体"对话框

（7）单击"查找下一处"开始查找，对单次找到的"Internet"，单击"替换"按钮，进行替换；对双次找到的"Internet"，单击"查找下一处"按钮，不替换，直至文档末尾。

3.3 文本格式化

Word 2010 的一个重要功能就是制作精美、专业的文档，它不仅提供了多种灵活的格式化文档的操作，而且还提供了多种修改及编辑文档格式的方法，从而使文档更加美观。

3.3.1 字符格式化

字符格式包括字符的颜色、字形、大小以及字符间距等属性。字符格式的设置，可以使用"开始"选项卡的"字体"组中的按钮来设置，也可以使用"字体"对话框来设置。"字体"组中只列出了常用的工具选项，还有一些格式选项要通过"字体"对话框来设置。

"字体"组如图 3-14 所示，其中列出了常用的工具选项。

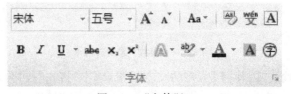

图 3-14 "字体"组

　　【案例 7】新建一个名为"唐诗欣赏"的文档,保存在 D 盘下的"word"子目录中。输入该例方框中的文字,利用"字体"组中的按钮设置成方框中显示的样式。

　　(1) 设置标题。选择标题"回乡偶书",从"字体" [楷体] 下拉列表中选择字体:楷体-GB2312;从"字号" [四号] 下拉列表中选择字号:四号;单击"加粗"按钮 [B] 加粗;单击"字体颜色"按钮 [A] 后的向下箭头打开下拉列表选择红色,将字符设置为红色。

　　(2) 设置"唐・贺知章"。选择该行,设置字体:仿宋-GB2312;字号:小四;加粗、倾斜;单击"下划线"按钮 [U] 后的向下箭头打开下拉列表选择双下划线,下划线颜色设置为:紫色,强调文字颜色 4。

　　(3) 设置诗文部分。字体:楷体-GB2312;字号:五号。

　　(4) 使用"格式刷" 进行快速格式化。选择已设置好格式的标题"回乡偶书"或其中的一部分,双击"格式刷"按钮("开始"选项卡→"剪贴板"组),此时鼠标指针变为" [格式刷图标] ",再到其他两个唐诗标题上进行拖动,将其设置为统一的格式,设置完后,再次单击"格式刷"按钮,退出"格式刷"状态。同理,可对唐诗的作者和正文设置统一的格式。

回乡偶书

唐・贺知章

少小离家老大回,乡音无改鬓毛衰。

儿童相见不相识,笑问客从何处来。

【诗文解释】

年少时就离开了故乡,直到垂暮之年才回到日夜思念的家园,虽然乡音还没有改变,但鬓发已被秋霜染白。那些孩子从未见过我,好奇地笑着问我这个客人从什么地方来。

寻隐者不遇

唐・贾岛

松下问童子,言师采药去。

只在此山中,云深不知处。

【诗文解释】

在松树下,我询问童子,他说师父采药去了。只知道他就在这座山里,然而山高云深,真不知道他在哪里。

咏柳

唐・贺知章

碧玉妆成一树高,万条垂下绿丝绦。

不知细叶谁裁出,二月春风似剪刀。

【诗文解释】

　　早春的柳树发出嫩绿的新芽,如同一位婀娜美人,垂下来的万缕垂丝好像是绿色的裙带。不知这绿叶是谁剪裁出来,原来是二月的春风细细剪裁。

【**案例 8**】利用"字体"对话框对上例中的"【诗文解释】"进行设置。

（1）选中"诗文解释"，单击"字体"组右侧的 ，或按 Ctrl＋D 组合键，打开"字体"对话框。

（2）单击"字体"选项卡，加"着重号"。

（3）单击"高级"选项卡，设置"间距"加宽 3 磅。该选项卡中各个参数的含义分别为：①"缩放"：设置字符本身的宽度。②"间距"：设置字符间的水平距离。③"位置"：设置字符的垂直位置。

（4）在"预览"框中查看设置效果，如果满意，单击"确定"按钮可使设置生效。

提示："格式刷"可以快速地将指定文本、段落或图形的格式复制到目标文本、段落或图形上，让用户免受重复操作之苦。用法如下：

（1）对于文本：选择要复制其格式的文本，单击"开始"选项卡→"剪贴板"组中的"格式刷"按钮 ，当指针变为" "时拖动光标选中目标文本即可。

（2）对于段落：将光标放置在某个即将要复制其格式的段落内，单击"开始"选项卡→"剪贴板"组中的"格式刷"按钮 ，当指针变为" "时拖动光标选中整个目标段落即可。

（3）单击"格式刷"，可使用一次格式刷，双击"格式刷"，可多次使用格式刷。

3.3.2　段落格式化

每次按下 Enter 键时，就产生一个段落标记。段落标记不仅标识一个段落的结束，还保存段落的格式信息，包括段落对齐方式、缩进设置、段落间距等。

如果删除了段落标记，则标记后面的一段将与前一段合并，并采用该段的间距。段落格式化包括段落对齐、段落缩进及段落间距等。

【**案例 9**】继续对上例进行操作。

1. 设置段落对齐方式

段落水平对齐一般分为左对齐、居中对齐、右对齐、两端对齐和分散对齐。

方法一：单击"开始"选项卡→"段落"组中的对齐方式按钮 进行设置，各按钮分别对应左对齐、居中对齐、右对齐、两端对齐和分散对齐。

方法二：单击"开始"选项卡→"段落"组右侧的 ，在打开的"段落"对话框中选择"缩进和间距"选项卡，在"对齐方式"下拉列表中选择各种对齐方式。

选择上例中的唐诗标题、作者及诗文，通过两种方式设置为"居中对齐"。

2. 设置段落缩进

段落缩进包括四种缩进属性：左缩进、右缩进、首行缩进和悬挂缩进。

（1）左缩进：控制段落与左边距的距离。

（2）右缩进：控制段落与右边距的距离。

（3）首行缩进：控制段落第一行第一字符的起始位置。

（4）悬挂缩进：使段落首行不缩进，其余的行缩进。

设置缩进有以下三种方法：

方法一：使用"段落"对话框设置缩进，如图 3-15 所示。选择诗文解释下的正文部分（即"年少时……从什么地方来。"），在"段落"对话框的"缩进"选项组中设置左、右缩进各 1 个字符；在"特殊格式"下选择"首行缩进"2 个字符。

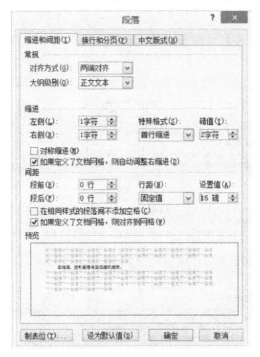

图 3-15　"段落"对话框

方法二：使用标尺设置段落缩进。将插入点置于要设置缩进的段落中，或者选定要设置缩进的段落。拖动水平标尺中的缩进标记，如图 3-16 所示，即可实现缩进。

图 3-16　调整段落缩进的标尺

方法三：使用"开始"选项卡→"段落"组设置段落缩进。选择要改变缩进的段落，然后单击"开始"选项卡→"段落"组中的"增加缩进量"按钮，可以快速向右缩进一个汉字,单击"减少缩进量"按钮 ，可以快速向左减少一个汉字的缩进。

3. 设置行距、段落间距

行距是指从一行文字的底部到另一行文字底部的间距。Word 2010 将调整行距以容纳该行中最大的字体和最高的图形。行距决定段落中各行文本之间的垂直距离。系统默认值是"单倍行距"。

段落间距是指前后相邻的段落之间的空白距离。

在本例中,选择诗文解释下的正文部分(即"年少时……从什么地方来。"),在如图 3-15 所示的"段落"对话框的"间距"选项组中设置"段前""段后"各 0.5 行,"行距"为固定值 14 磅。

利用格式刷工具,将其余两首诗对应的部分设置成相同的格式。效果如图 3-17 所示。

图 3-17　案例 9 效果图

3.3.3　项目符号和编号

给文档添加项目符号或编号后,可以使文档条理清晰、层次分明。

【案例 10】自动创建项目符号或编号列表。

(1) 键入"＊"开始一个项目符号列表或键入"1."开始一个编号列表,然后按空格键或按 Tab 键。

(2) 键入"项目概述",按 Enter 键,创建第一个列表项。再依次添加两个列表项:项目研究的背景、项目研究目的和意义。

(3) 第三个列表项建立完成后,按两次 Enter 键,或通过按 Backspace 键删除列表中最后的项目符号或编号,即可结束该列表,结果如图 3-18 所示。

- 项目概述
- 项目研究的背景
- 项目研究目的和意义

1. 项目概述
2. 项目研究的背景
3. 项目研究目的和意义

图 3-18　案例 10 效果图

提示：如果项目符号或编号不能自动显示，单击"文件"选项卡→"选项"→"校对"→"自动更正选项"菜单命令，在弹出的"自动更正"对话框中，再单击"键入时自动套用格式"选项卡，选择"自动项目符号列表"或"自动编号列表"复选框。

【案例 11】为已有文本添加项目符号或编号列表。

（1）依照图 3-19 的内容输入文本后，将其全部选中。

项目概述
项目研究的背景
项目研究目的和意义

图 3-19　案例 11 原文

（2）单击"开始"选项卡中"段落"组中的"项目符号"按钮≡或"编号"按钮≡，即可添加系统默认的项目符号或编号。

【案例 12】改变项目符号样式。

（1）选择图 3-19 所示的文本。

（2）单击"开始"选项卡→"段落"组→"项目符号"按钮≡ ·右侧的倒三角，打开如图 3-20 所示列表。在"项目符号库"中选择形如"◇"的项目符号，则为文本添加了该项目符号，如图 3-21 所示。

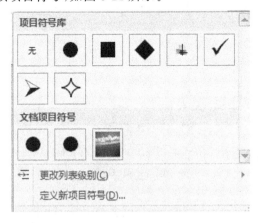

◇ 项目概述
◇ 项目研究的背景
◇ 项目研究目的和意义

图 3-20　项目符号库列表　　　　　　图 3-21　添加"◇"的效果图

（3）再次打开如图 3-20 所示的列表，选择"定义新项目符号"命令，打开"定义新项目符号"对话框，如图 3-22 所示。

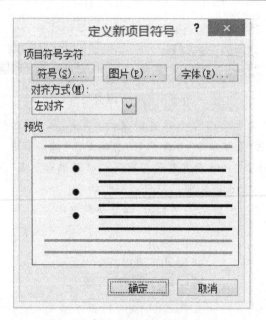

图 3-22　"定义新项目符号"对话框

（4）单击"字体"按钮，打开"字体"对话框，如图 3-23 所示。在"字体"选项卡中设置字号：四号，字体颜色：红色，单击"确定"按钮，回到"定义新项目符号"对话框中，再次单击"确定"按钮，效果如图 3-24 所示。

图 3-23　"字体"对话框
图 3-24　设置"字体"后效果图 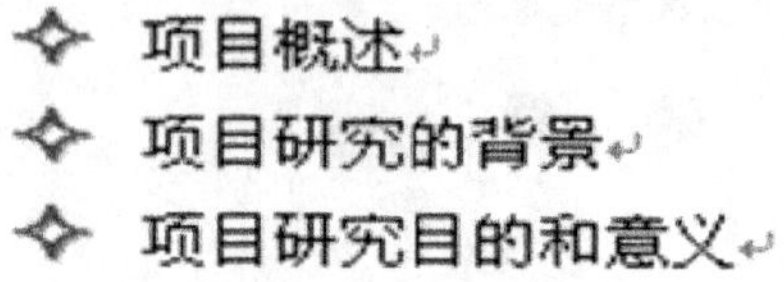

（5）再次打开如图 3-22 所示的"定义新项目符号"对话框，单击"符号"按钮，打开"符号"对话框，如图 3-25 所示，选择如图所示的符号，单击"确定"按钮，回到"定义新项目符号"对话框中，再次单击"确定"按钮，效果如图 3-26 所示。

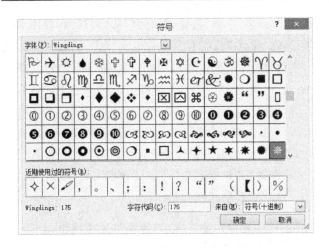

 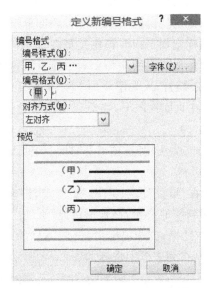

图 3-25 "符号"对话框   图 3-26 添加"※"效果图

(6) 在如图 3-22 所示的"定义新项目符号"对话框中,单击"图片"按钮,还可以用图片作为项目符号。

【案例 13】改变编号样式。

(1) 选择图 3-19 所示的文本。

(2) 单击"开始"选项卡→"段落"组→"编号"按钮 右侧的倒三角,打开如图 3-27 所示列表。在"编号库"中选择一种编号,则为文本添加该格式的编号。

(3) 再次打开如图 3-27 所示的"编号库"列表,选择"定义新编号格式"命令,打开"定义新编号格式"对话框,编号样式及编号格式如图 3-28 设置。

图 3-27 "编号库"列表   图 3-28 "定义新编号格式"对话框

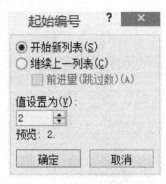

图 3-29　"起始编号"对话框

（4）单击"字体"按钮,打开"字体"对话框,如图 3-23 所示。在"字体"选项卡中设置中文字体:黑体,字号:四号,字体颜色:红色。单击"确定"按钮,回到"定义新编号格式"对话框中。再单击"确定",退出"定义新编号格式"对话框。

（5）再次打开如图 3-27 所示的"编号库"列表,选择"设置编号值"命令,打开"起始编号"对话框,如图 3-29 所示。选择"开始新列表","值设置为":2。单击"确定"按钮,最后的效果如图 3-30 所示。

早春的柳树发出嫩绿的新芽,如同一位婀娜美人,垂下来的万缕垂丝好像是绿色的裙带。不知这绿叶是谁剪裁出来,原来是二月的春风细细剪裁。

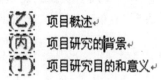

图 3-30　案例 13 效果图

3.3.4　插入脚注与尾注

撰写毕业论文或科研报告时,常常会用到脚注和尾注。脚注和尾注用于为文档中的文本提供解释、批注以及相关的参考资料。脚注经常放置在页面的底端,而尾注一般是放在文档的结束部分。

脚注或尾注由两个相互链接的部分组成:注释引用标记和与其对应的注释文本。注释引用标记用于指明脚注或尾注已包含附加信息的数字、字符或字符的组合。与注释引用标记对应的注释文本中显示具体的注释内容。

【案例 14】插入如图 3-31 所示的脚注。

（1）在页面视图下,移动到文档中要插入脚注的位置（即图 3-31 中"高低状况"的后面）。

（2）单击"引用"选项卡→"脚注"组右侧的 ,打开"脚注和尾注"对话框,如图 3-32 所示。

（3）在"位置"选项组中,选中"脚注"单选按钮,在其后的下拉列表框中选择在文档中打印脚注的位置,在这里选择"页面底端"。

（4）在"格式"选项组中,设置编号的格式选项。单击"编号格式"下拉列表框的下拉按钮,在列表框中选择如图 3-32 所示的编号格式;在"起始编号"文本框中设置起始编号为①;单击"编号"下拉列表框的下拉按钮,在列表框中选择"每页重新编号",可使脚注的编号在各页中从 1 开始。

一般看来，政治权力的合法性基础包括三个方面：一是意识形态基础，指人们在观念、认知、感受等方面对政治权力的信仰和认同；二是制度基础，指政治权力在获得程序和具体运作上是遵循宪政制度的；三是有效性基础，指政治权力在执政期间所取得的成就。以上三者相互联系、相互支持，共同影响着政治权力合法性水平的高低状况[①]。

权力的合法性，从被统治者的角度来说，如韦伯所言，是"促使被统治者服从某种命令的动机"，从统治者的角度讲，意指控制与影响能力的来源。本文以社区的视角看待权力合法性，并将村干部权力的合法性定义为：促使社区居民服从、接受和认可村干部行使其权力的各种因素。在介绍邱村村干部权力合法性的现状之前，本文首先对杜赞奇的相关论述进行简要回顾。

三、杜赞奇关于 1900-1942 年华北农村乡村精英的权力合法性状况[②]

（一）宗教

① 马宝成. 试论政治权力的合法性基础[J]. 天津社会科学, 2001，(1)。

② 杜赞奇. 文化、权力与国家——1900-1942 年的华北农村[M]. 南京: 江苏人民出版社, 2006, 85~114。

图 3-31　案例 14 效果图　　　　　　图 3-32　"脚注和尾注"对话框

（5）在"应用更改"选项组中，选择要进行修改的文档的位置为"整篇文档"。

（6）设置完后，单击"确定"按钮，Word 2010 将插入注释编号，并将插入点置于注释编号的旁边，在其后输入所需的注释文本，单击文档的其他位置，完成脚注的插入。

（7）依上述步骤在"合法性状况"后插入第二个脚注。

提示：随后再向文档中插入其他的脚注时，Word 2010 将自动应用默认的编号格式。插入尾注的方法类似。如要删除脚注或尾注，首先在文档中选中要删除的注释引用标记，然后按下 Delete 键即可。

3.3.5　首字下沉

我们经常在报刊中见到文章开始的一个字或若干个字被放大了数倍，这种效果一般被称为首字下沉。Word 2010 提供了两种首字下沉方式：下沉和悬挂。两种方式的区别在于："下沉"方式设置的下沉字符紧靠其他的字符，而"悬挂"方式设置的字符可以随意地移动其位置。单击"插入"选项卡中"文本"组上的"首字下沉"按钮，从弹出的菜单中选择"下沉"或"悬挂"命令，即可设置首字下沉效果。

若要设置更精确的首字下沉效果，可通过如下操作步骤实现：

（1）选择要下沉的字符。

（2）单击"插入"选项卡→"文本"组→"首字下沉"按钮"→"首字下沉选项"命令，弹出如图 3-33 所示的对话框。

图 3-33　"首字下沉"对话框

（3）在"位置"选项组中，可以选择"下沉"或"悬挂"方式。

（4）在"字体"下拉列表框中选择首字的字体。

（5）在"下沉行数"框中设定首字下沉时所占的行数；在"距正文"框中指定首字与段落中其他文字之间的距离。

（6）单击"确定"按钮，完成设置。

提示：一般使用"下沉"比较多，且下沉的行数不要太多，大概 2～5 行即可，否则使文字太突出，反而影响文档的美观。

3.4　文档的排版和打印

使用 Word 2010 进行办公，除了一般的编辑和格式化以外，主要功能还是进行排版操作，如插入页码、插入页眉和页脚、为文档分栏、设置文档的版式等操作。本章主要介绍关于文档排版和打印的相关知识。

3.4.1　插入页码

在长文档中必须加入页码，插入页码的文档易于查阅。Word 提供了丰富的页码格式，我们可以直接套用。

【案例 15】给文档添加页码。

（1）将插入点置于文档中。

（2）单击"插入"选项卡→"页眉和页脚"组→"页码"按钮 ，打开"页码"列表框，如图 3-34 所示。

（3）单击"页面底端"，在其级联菜单中选择一种页码样式，即可为文档添加该样式的页码。

（4）在图 3-34 中单击"设置页码格式"命令，打开"页码格式"对话框，如图 3-35 所示。

图 3-34　"页码"列表框　　　　　　　图 3-35　"页码格式"对话框

（5）在"编号格式"列表框中，选择如图所示的编号格式；在"页码编号"选项组中选择"起始页码"单选按钮，在其后的数值框中输入文档的起始页码。

（6）单击"确定"按钮，完成页码格式设置。

提示：要删除已经插入的页码，只需双击页码所在位置，进入页码所在的页眉或页脚区，选定页码，按 Delete 键将页码删除，在正文任意位置双击即可完成删除。或在图 3-34 所示的图中单击"删除页码"命令也可以将页码删除。

3.4.2　插入页眉和页脚

页眉是位于上页边距与纸张边缘之间的图形或文字，而页脚是下页边距与纸张边缘之间的图形或文字。在 Word 中，可以建立非常复杂的页眉或页脚，其中不仅可以包含页码，而且可以包含日期、时间、文字或图形等。

【**案例 16**】给文档的每一页创建相同的页眉和页脚。

（1）将插入点置于文档的任意位置。

（2）单击"插入"选项卡→"页眉和页脚"组→"页眉"按钮，打开"页眉"列表框，如图 3-36 所示。

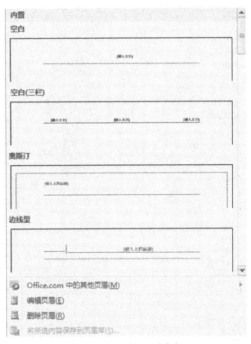

图 3-36　"页眉"列表框

（3）同时页面顶部出现虚线，表示页眉区，如图 3-37 所示；底部也出现虚线，表示页脚区，如图 3-38 所示。

图 3-37　页眉区

图 3-38　页脚区

（4）在页眉区输入"唐诗欣赏"，单击"开始"选项卡→"段落"组→右对齐按钮≣，将文字设置为右对齐；选中该文字，在"开始"选项卡→"字体"组中将文字设置为"楷体 GB_2312"，效果如图 3-39 所示。

图 3-39　案例 16 的效果图

（5）单击图 3-38 所示的页脚区，切换页脚区，单击"插入"选项卡→"页眉和页脚"组→"页脚"按钮，打开"页脚"列表框，如图 3-40 所示。选择任意样式的页脚，按文字提示编辑页脚内容。

图 3-40　"页脚"列表框

（6）创建完页眉和页脚后，双击正文其他区域，退出页眉和页脚的编辑状态。

提示：（1）进入页眉和页脚的编辑状态后，文档的正文部分变成灰色，表示当前不能对正文进行编辑,此时,只能编辑页眉和页脚。如果要对已经创建好的页眉和页脚再次编辑,除了可以单击"插入"选项卡→"页眉和页脚"组→"页眉"按钮,在打开的菜单中选择"编辑页眉"命令(或者单击"插入"选项卡→"页眉和页脚"组→"页脚"按钮,在打开的菜单中选择"编辑页脚"命令)实现外,双击页眉和页脚区域中的任意地方,也可以进入页眉和页脚的编辑状态。

(2) 去除页眉上的横线:默认插入页眉后,在页眉中会有一条横线,有时会影响页眉的显示效果。可以用以下方法去除掉它:选中页眉中的文字和段落标记,选择"开始"选项卡→"段落"组→下边框按钮 右侧的倒三角,在打开的菜单中选择"边框和底纹"命令,打开"边框和底纹"对话框,选择"边框"选项卡,并将"设置"设为"无",页眉上的横线就没有了。

【**案例 17**】在首页和奇偶页上创建不同的页眉和页脚。

(1) 在文档的页眉处双击。

(2) 单击"设计"选项卡→"选项"组→"首页不同"选项和"奇偶页不同"选项,页面顶端出现"首页页眉"区、"偶数页页眉"区、"奇数页页眉"区;底端出现和"奇偶页不同"选项,页面顶端出现"首页页脚"区、"偶数页页脚"区、"奇数页页脚"区。

(3) 移到偶数页页眉区,设置文字:计算机应用基础。移到奇数页页眉区,设置文字:第三章　Word 2010 的使用。页脚区插入页码。

(4) 创建完毕后,双击正文其他区域,退出页眉和页脚的编辑状态。

3.4.3　边框和底纹

【**案例 18**】对案例 9 中的第一首古诗"回乡偶书"添加"阴影"边框。

(1) 选择第一首古诗。

(2) 单击"开始"选项卡→"段落"组→"边框和底纹"按钮 ,弹出"边框和底纹"对话框,如图 3-41 所示。

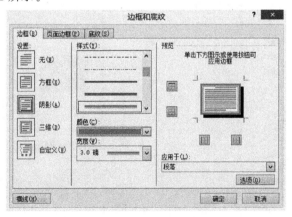

图 3-41　"边框和底纹"对话框

（3）在"边框"选项卡中，从"设置"选项组中选择"阴影"样式。

（4）在"样式"列表框中选择如图所示的线型样式。颜色设置为：橙色，强调文字颜色 6。宽度设置为：1.5 磅。

（5）从"应用于"下拉列表框中选择"段落"选项，表示边框应用于段落。

（6）单击"确定"按钮，效果如图 3-42 所示。

图 3-42　案例 18 效果图

提示：Word 2010 不仅可以给文字或段落添加边框，还可以给页面添加边框。打开"边框和底纹"对话框，选择"页面边框"选项卡，其中各选项的设置与"边框"选项卡基本相同。

【案例 19】接上例对"阴影"边框内的段落设置"黄色"底纹。

（1）选择"阴影"边框内的段落。

（2）单击"开始"选项卡→"段落"组→"边框和底纹"按钮，打开"边框和底纹"对话框，选择"底纹"选项卡，如图 3-43 所示。

（3）在"填充"区域选择要填充的颜色：黄色。

（4）从"应用于"下拉列表框中选择"段落"选项，表示底纹应用于段落。

（5）单击"确定"按钮，填充完毕。

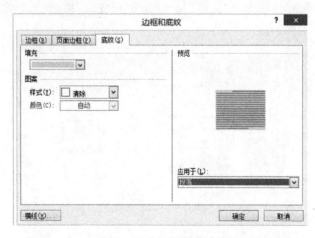

图 3-43　"底纹"选项卡

3.4.4　页面设置

1. 选择纸张尺寸

纸张的大小和方向不仅对打印输出的最终结果产生影响,而且对当前文档的工作区大小、工作窗口的显示方式都能够产生直接的影响。在默认状态下,Word 2010 将自动使用 A4 幅面的纸张来显示新的空白文档,纸张大小为 21 厘米×29.7 厘米,默认为纵向,用户可以选择不同的纸张大小或自定纸张的大小。因此,用户在进行文档的排版之前,首先应该选择纸张的大小及方向等。

2. 设置页边距和纸张方向

在 Word 2010 中,页边距是指文档正文与纸张边缘的距离。在多页文档的每一页中,都有上、下、左、右 4 个页边距。纸张的方向也与页边距配合,可以编排出贺卡、信封、名片等特殊版面。

3. 设置每页的字数

有些文档要求每页包含固定的行数及每行固定的字数,例如,制作稿纸信函,还有一些文档要求纵向排版等。利用 Word 2010 提供的页面设置,可以轻松完成这些功能。

我们将文档的行与字符叫做“网格”,所以设置页面的行数及每行的字数实际上就是设置文档网格。其操作方法是:

(1) 单击“页面布局”选项卡→“页面设置”组→“纸张大小”按钮,在打开的菜单中选择“其他页面大小”命令,打开“页面设置”对话框,选择“文档网格”选项卡,如图 3-44 所示。

图 3-44　“文档网格”选项卡

（2）在"文字排列"的"方向"区域中有两个选项，如果选中"水平"单选项，表示横向显示文档中的文本；如果选中"垂直"单选项，表示纵向显示文档中的文本。在"栏数"文本框中可以设置文档或节的栏数，最少为1栏，最多为4栏。

（3）用户可以根据编辑文档的类型，选用其中的一种。编辑普通文档时，宜选择"无网格"，这样能使文档中所有段落样式文字的实际行间距均与其样式中的规定一致。编辑图文混排的长文档时，则应选择"指定行和字符网格"，否则重新打开文档时，会出现图文不在原处的情况。

（4）如果设置了"只指定行网格"选项，则可以通过在"每页"右边的文本框中输入或单击其上下按钮来调整每页的行数，或者通过设置右边"跨度"栏中的跨度值（跨度值＝字符高度＋行距）来定制每页的行数，因为"行数×跨度＝纸高－垂直页边距"。

（5）如果设置了"指定行和字符网格"选项，则除了设置每页的行数以外，还可以通过在"每行"右边的文本框中输入或单击其上下按钮来调整每行的字符数，或者通过设置右边"跨度"栏中的跨度值来定制每行的字符数，因为"字符数×跨度＝纸宽－水平页边距"。

（6）如果选择了"文字对齐字符网格"选项，则会根据输入的每行字符数和每页的行数设定页面。

【案例 20】新建一个文档，设置页面大小为 16 开，并调整页边距上、下、左、右均为 2 厘米，纸张方向为"纵向"。

（1）单击"常用"工具栏上的"新建空白文档"按钮，建立空白文档。

图 3-45 "页边距"选项卡

（2）单击"页面布局"选项卡→"页面设置"组→"纸张大小"按钮，从打开的列表框中选择 16 开（18.4 厘米　26 厘米）。

（3）单击"页面布局"选项卡→"页面设置"组→"页边距"按钮，从打开的菜单中选择"自定义边距"命令，打开"页面设置"对话框。

（4）选择"页边距"选项卡，如图 3-45 所示。在"上""下""左""右"文本框中分别输入 2 厘米，在"纸张方向"选项组中选择"纵向"，在"多页"下拉列表框中选择"普通"选项。

（5）在"应用于"下拉列表框中选择"整篇文档"选项，单击"确定"按钮，设置完成。

3.4.5　打印预览

为了能够在打印之前知道打印的效果,可以利用 Word 2010 的打印预览功能。具体操作步骤如下:

(1) 单击"文件"选项卡,从中选择"选项"命令,打开"Word 选项"对话框。

(2) 在"Word 选项"对话框中,选择"快速访问工具栏",在"常用命令"的下拉菜单中选择"打印预览和打印"命令。

(3) 单击"添加"按钮,此命令即被添加到右边窗口的"自定义快速访问工具栏"中,如图 3-46 所示。

图 3-46　"Word 选项"对话框

(4) 单击"确认"按钮,返回 Word 2010 操作界面,会看到界面左上角多出一个小放大镜观看纸张的图标 ,这个就是"打印预览和打印"的功能键。

(5) 单击此图标,文档就会进入打印预览窗口。

3.4.6　打印

在打印文档之前,要确信打印机的电源已经接通,并处于联机状态。

单击"文件"选项卡→"打印"命令,打开打印窗口。设置打印份数、打印机型号、打印范围,单击"打印"按钮,即可打印。

3.5　表格的使用

表格由一行或多行单元格组成,用于显示数字和其他项以便快速引用和分析。表格常作为显示成组数据的一种手段,有直观、简明的优点,使用非常广泛。

3.5.1　插入和绘制表格

在 Word 2010 中,常用两种方法在文档中插入一个表格。

1.使用内置行、列功能创建表格

(1) 将插入点置于要创建表格的位置。

(2) 单击"插入"选项卡→"表格"组→"表格"按钮，出现如图 3-47 所示的菜单。

(3) 在出现的示例框上拖动鼠标,以选定所需的行数和列数,在示例框的上方显示当前表格的行数和列数。我们看到拖过的表格改变了颜色,单击鼠标左键,即可在当前插入点位置创建表格。

2.使用命令插入表格

(1) 将插入点置于要创建表格的位置。

(2) 单击"插入"选项卡→"表格"组→"插入表格"命令,出现"插入表格"对话框,如图 3-48 所示。

图 3-47　"表格"菜单　　　　　　　　图 3-48　"插入表格"对话框

(3) 在"表格尺寸"中,设置表格的"列数"和"行数"。

(4) 在"'自动调整'操作"中选择表格和列的宽度:

①固定列宽:表示列宽是一个确切的值,可以在其后的数值框中指定,使所有列宽均相同。默认设置为"自动",表示创建一个处于页边距之间,具有相同列宽的表格。等价于"根据窗口调整表格"选项。

②根据内容调整表格:产生一个列宽由表中内容而定的表格,当在表格中输入内

容时,列宽将随内容的变化而相应变化。

③根据窗口调整表格:表示表格宽度与页面宽度相适应,当窗口的宽度改变时,表格的宽度也跟随变化。

(5) 单击"确定"按钮完成。

3.5.2　输入内容

表格插入完毕后,就可以向表格输入文本了。输入时,首先要将光标定位在目标单元格中。在表格中输入文本的方法与在文档中输入文本的方法一样。当字符超过单元格时,表格的行高度就会自动调整以便让字符都放在此单元格内。

用鼠标选定位置比较方便,但是为了提高效率,下面给出一些使用键盘在表格中快速定位的方法(表 3-1)。

表 3-1　使用键盘在表格中移动

按键	动作
Tab 或者→	移动到后一单元格(如果光标位于表格的最后一个单元格时按下 Tab 键,将会自动添加一行)
Shift＋Tab	移动到同行中的前一列(如果光标位于除第一行以外的其他行的第一列中,使用该组合键后,光标移动到上一行的最后一个单元格)
上箭头	移动到上一行的同一列
下箭头	移动到下一行的同一列
Alt＋Home	移动到本行的第一个单元格
Alt＋End	移动到本行的最后一个单元格
Alt＋PageUp	移动到本列的第一个单元格
Alt＋PageDown	移动到本列的最后一个单元格

【案例 21】制作如图 3-49 所示的表格。

姓名	高等数学	大学英语	计算机基础	思政	总分
杨雪	98	78	87	88	
陈乐民	76	62	88	85	
许诺	96	66	68	74	
石冰洁	76	91	88	90	
李季	82	72	81	67	
咸明月	73	88	70	86	
马晓燕	56	73	83	92	
白虹	68	66	89	78	

图 3-49　案例 21 效果图

(1) 以上面介绍的两种方法之一建立 9 行 6 列的表格。

(2) 输入表格中的内容。

提示:表格中的常用术语有:

（1）单元格：由工作表或表格中交叉的行与列形成的框，可在该框中输入信息。

（2）标题行：行标题位于表格顶部，用来描述相应的列。如该例中的"姓名""高等数学"等。

（3）行标签：表格首列中的各个条目，用来描述每一行的内容。如该例中的"杨晋""陈乐民"等。

3.5.3　表格的编辑

创建的表格往往需要修改才能符合要求，另外由于实际情况的变更，对表格也需要相应地进行一定的修改。

1. 选定表格

要对表格进行操作首先要选定表格，选定表格的常用方法如下：

选定一个单元格：把鼠标放在要选定表格的左侧边框附近，指针变为斜向右上的实心箭头"🖤"，此时单击左键，即可选定该单元格。

选定一行或多行：移动鼠标指针到表格该行左侧，鼠标变为斜向右上的空心箭头"🖑"，单击则选中该行。此时再上下拖动鼠标即可选中多行。

选定一列或多列：移动鼠标指针到表格该列顶端，鼠标变为竖直向下的实心箭头"⬇"，单击则选中该列。此时再左右拖动鼠标即可选中多列。

选中多个单元格：按住左键在所要选中的单元格上拖动可以选中顺序排列的单元格。如果需要选择分散的单元格，则单击需要选中的第一个单元格、行或列，按住Ctrl键再单击下一个单元格、行或列。

选中整个表格：将鼠标划过表格，表格左上角将出现表格移动控点"⊞"，单击该控点，或者直接按住左键，拖过整张表格。

2. 插入行和列

【**案例 22**】在图 3-49 所示表格的第一行的上方插入一行，效果如图 3-50 所示。

姓名	高等数学	大学英语	计算机 基础	思政	总分
杨晋	98	78	87	88	
陈乐民	76	62	88	85	
许诚	96	66	68	74	
石冰清	76	91	88	90	
李季	82	72	81	67	
咸明月	73	88	70	86	
马晓燕	56	73	83	92	
白虹	68	66	89	78	

图 3-50　案例 22 效果图

（1）选择第一行。

（2）使用如下两种方法都可以完成插入。

①单击右键,从弹出的快捷菜单中选择"插入"→"在上方插入行"命令。

②单击"布局"选项卡→"行和列"组→"在上方插入"按钮。

提示:如果想同时插入多行,可以选取与插入行相同的行数。插入列的方法与插入行的方法类似。

3.插入单元格

步骤如下:

(1)将光标定位在要插入单元格的位置。

(2)单击"布局"选项卡→"行和列"组右侧的，,打开"插入单元格"对话框,如图 3-51 所示。

(3)在"插入单元格"对话框中,有 4 个选项:

①活动单元格右移:在选定单元格的左边插入新单元格。

②活动单元格下移:在选定单元格的上方插入新单元格。

图 3-51 　"插入单元格"对话框

③整行插入:在选定单元格的上方插入新行。

④整列插入:在选定单元格的左侧插入新列。

(4)选中一个选项后,单击"确定"按钮,设置完成。

4.删除行、列和单元格

步骤如下:

(1)选中要删除的行、列或者单元格。

(2)单击"布局"选项卡→"行和列"组→"删除"按钮，,在打开的菜单中选择要使用的命令。

5.合并单元格

将同一行或同一列中的两个或多个单元格合并为一个单元格称为合并单元格。

【**案例 23**】将图 3-50 中插入的第一行合并并输入标题"2010 年 09 级临床一班期末考试成绩",效果如图 3-52 所示。

2010 年 09 级临床一班期末考试成绩				
姓名	高等数学	大学英语	计算机基础	思政	总分
杨晋	98	78	87	88	
陈乐民	76	62	88	85	
许诚	96	66	68	74	
石冰清	76	91	88	90	
李季	82	72	81	67	
咸明月	73	88	70	86	
马晓燕	56	73	83	92	
白虹	68	66	89	78	

图 3-52 　案例 23 效果图

（1）选择第一行。

（2）单击"布局"选项卡→"合并"组→"合并单元格"按钮▦，或单击鼠标右键，选择"合并单元格"命令。

（3）在合并后的单元格中输入文字"2010年09级临床一班期末考试成绩"。

提示：如果合并的单元格中有数据，那么每个单元格中的数据会都出现在新单元格内部。

6. 拆分单元格

步骤如下：

（1）选定要拆分的一个或多个单元格。

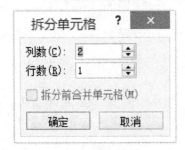

图 3-53　"拆分单元格"对话框

（2）单击"布局"选项卡→"合并"组→"拆分单元格"按钮▦，或单击鼠标右键，选择"拆分单元格"命令，打开"拆分单元格"对话框，如图 3-53 所示。

（3）输入要将选定的单元格拆分成的行、列数。

（4）如果选中"拆分前合并单元格"复选框，则在拆分前先合并所选单元格，然后将"行数"和"列数"框中的值应用于整个所选内容。

（5）设置完毕后，单击"确定"按钮。

7. 拆分表格

拆分表格的功能是将一个表格分成两个表格。

【案例 24】将图 3-51 所示的表格分成两个表格，效果如图 3-54 所示。

2010年09级临床一班期末考试成绩				
姓名	高等数学	大学英语	计算机基础	思政	总分
杨晋	98	78	87	88	
陈乐民	76	62	88	85	
许诚	96	66	68	74	
石冰清	76	91	88	90	

李季	82	72	81	67	
咸明月	73	88	70	86	
马晓燕	56	73	83	92	
白虹	68	66	89	78	

图 3-54　案例 24 效果图

（1）将鼠标移动到要成为第二个表格的首行的行（即"李季"所在的行）中单击。

（2）单击"布局"选项卡→"合并"组→"拆分表格"按钮▦。

提示：（1）合并这两个表格，删除表格中间的空白即可。

（2）如果要将拆分后的两个表格分别放在两页上，在第（2）步后，将光标置于两个表格中间空白处，按下 Ctrl＋Enter 组合键。

3.5.4　表格的格式化

表格在创建完后还需进一步的排版和美化,使表格更美观清晰。

1. 表格样式

"表格样式"是指用户创建的表格可以套用 Word 2010 提供的多种内置的表格格式。

(1)将插入点移到表格的任一单元格中。

(2)打开"设计"选项卡→"表格样式"组中表格样式列表,如图 3-55 所示,从中选择需要的表格样式即可。

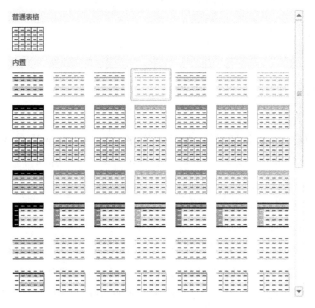

图 3-55　表格样式列表

(3)在"设计"选项卡→"表格样式选项"组中,将某选项前的复选框去掉,可以取消此选项的样式。

2. 设置文字对齐方式和文字方向

表格中文字的字体设置与文本中的一样。因此,这里着重讨论表格中的文本排列方式,主要包括文字对齐方式和文字方向两个方面。

【案例 25】将图 3-52 所示的表格的前两行文字设置为中部居中,将"姓名"变为竖排文字,效果如图 3-56 所示。

(1)选择图 3-52 所示表格中的前两行。

(2)单击"布局"选项卡→"对齐方式"组,选择"水平文字方向"按钮≣,再单击"水平居中"按钮≣,即可。也可单击右键,在打开的快捷菜单中选择"单元格对齐方

2010 年 09 级临床一班期末考试成绩					
姓名	高等数学	大学英语	计算机基础	思政	总分
杨晋	98	78	87	88	
陈乐民	76	62	88	85	
许诚	96	66	68	74	
石冰清	76	91	88	90	
李季	82	72	81	67	
咸明月	73	88	70	86	
马晓燕	56	73	83	92	
白虹	68	66	89	78	

图 3-56　案例 25 效果图

式"，在其级联菜单中选择"水平居中"。

（3）单击"姓名"所在的单元格。

（4）单击"布局"选项卡→"对齐方式"组，选择"垂直文字方向"按钮▥，再单击"中部居中"按钮▥，即可。

3. 设置表格的边框和底纹

在 Word 2010 中，默认情况下，创建的表格采用的是 0.5 磅单线边框，用户可以根据需要，任意修改表格的边框。有时，为了突出某些单元格的内容，可以为这些单元格添加不同的底纹。

【案例 26】续上例，对表格添加边框和底纹。

（1）单击表格中任意位置。

（2）单击"布局"选项卡→"表"组→"属性"按钮▥，打开"表格属性"对话框，选择"表格"选项卡，单击"边框和底纹"按钮，打开"边框和底纹"对话框。

（3）单击"边框"选项卡（图 3-57），从"设置"区中选择"方框"样式，线型设置为如图样式，"颜色"设置为橙色，强调文字颜色 6，"宽度"设置为 2.25 磅，"应用于"选择"表格"选项。单击"确定"按钮，给表格添加外线框。

图 3-57　"边框"选项卡

（4）选择除第一行以外的各行，打开"边框和底纹"对话框的"边框"选项卡，在"线型"中选择上一步设置的外线框所用的直线样式，在"预览"框中单击图例的顶部，给第一行的底部添加和外边框相同的边框。

（5）再将线型设置为单实线，"颜色"设置为黑色，"宽度"设置为 1 磅，在"预览"框中单击相应的边线或单击按钮 ——｜｜，给表格添加内部线框。单击"确定"按钮。

（6）选择第二行，将第二行底部设置为如下样式：线型为双实线，线宽为 0.5 磅。

（7）同理设置第一列右侧边线，效果如图 3-58 所示。

（8）选择第二行，打开"边框和底纹"对话框，选择"底纹"选项卡，如图 3-58 所示。

（9）在"填充"下拉列表中选择"橄榄色，强调文字颜色 3"，单击"确定"按钮，填充完毕。最终效果如图 3-59 所示。

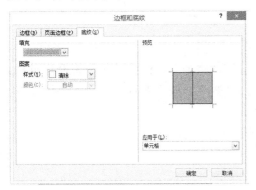

图 3-58　"底纹"选项卡　　　　　　图 3-59　案例 26 效果图

4. 表格标题行重复

表格记录较多，超过一页时，我们在第二页看不到标题行就不知道每一个表项的具体含义，此时，可以采用标题行重复的办法来解决跨页的问题。

【案例 27】续上例，将表格的标题行（第一行和第二行）在每页顶端显示。

（1）在表格中补充记录，使其产生多页。

（2）选择要重复显示的标题行（这里选择第一行，如果重复显示多行内容，则将这几行全部选中，选定的内容必须包括表格的第一行）。

（3）单击"布局"选项卡→"数据"组→"重复标题行"按钮 ，设置完成。

3.5.5　表格的排序

在 Word 2010 中，可以对表格中某一列的数据排序，并按排序的顺序重新组织表格。

【案例 28】续上例，对表格中的数据按"高等数学"成绩由低到高排列，若该成绩相同的话,则按"计算机基础"成绩由低到高排列,若两门课的成绩都相同的话,再按"大学英语"成绩由低到高排列。

(1) 单击表格的任意单元格。

(2) 单击"布局"选项卡→"数据"组→"排序"按钮,打开"排序"对话框,如图 3-60 所示。

图 3-60   "排序"对话框

(3) 设置排序"主要关键字"为"高等数学","类型"设置为"数字",按升序排列;"次要关键字"为"计算机基础","类型"设置为"数字",按升序排列;"第三关键字"为"大学英语","类型"设置为"数字",按升序排列。

(4) 列表下选择"有标题行",避免对标题行进行排序。

(5) 设置完毕后,单击"确定"按钮。

3.5.6   在表格中使用公式

可以对表格数据进行基本的四则运算,例如,加、减、乘、除等,还可以进行几种其他类型的统计运算,例如,求和、求平均值、求最大值以及求最小值等。

在计算公式中用 A,B,C,…表示表格的列;用 1,2,3,…表示表格的行。例如,单元格 A2 表示第 1 列第 2 行的单元格数据,A1:B5 表示从第 1 列第 1 行的单元格开始到第 2 列第 5 行单元格结束的一块矩形区域。

【案例 29】续上例,计算"总分",增加"平均分"列并计算平均分,增加"最高分"行并计算各科目的最高成绩。

图 3-61   "公式"对话框

(1) 单击要放置求和结果的单元格。

(2) 求总分。单击"布局"选项卡→"数据"组→"公式"按钮 fx,打开"公式"对话框,如图 3-61 所示,"公式"框中的"="不要删去;在"粘贴函数"框中,选择"SUM",则"公式"框中显示为"= SUM( )",在括号中输入"b2:e2"。

（3）插入一个新列，并输入"平均分"。

（4）单击要放置平均值结果的单元格。

（5）求平均分。打开"公式"对话框，在"粘贴函数"框中，单击"AVERAGE"，则"公式"框中显示为"＝AVERAGE()"，在括号中输入"b2：e2"，在"编号格式"中选择"0.00"，对平均值保留两位小数。单击"确定"按钮。

（6）插入一个新行，并输入"最高分"。

（7）单击要放置最高分结果的单元格。

（8）求最高分。打开"公式"对话框，在"粘贴函数"框中，单击"MAX"，则"公式"框中显示为"＝MAX()"，输入求值范围。单击"确定"按钮。

3.6　图 文 混 排

利用 Word 2010 的图文混排功能，可以设计出清晰、美观、图文并茂的版面。

3.6.1　在文档中插入剪贴画

【案例 30】在文档中插入剪贴画。

（1）将插入点置于要插入剪贴画的位置。

（2）单击"插入"选项卡→"插图"组→"剪贴画"按钮，文档右边出现"剪贴画"任务窗格。在"搜索文字"中输入要查找的关键字：sports，在"结果类型"内选择"所有媒体文件类型"，如图 3-62 所示。

（3）单击"搜索"按钮，搜索成功后，图像出现在下面的列表框中。如果搜索失败，则会显示"未找到搜索项"。

（4）单击需要的图片，即可在文档中相应的位置插入图片。

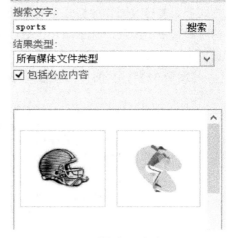

图 3-62　"剪贴画"任务窗格

3.6.2　插入来自文件的图片

【案例 31】在文档中插入来自文件的图片。

（1）将插入点置于要插入图片的位置。

（2）单击"插入"选项卡→"插图"组→"图片"按钮，打开"插入图片"对话框，如图 3-63 所示。

（3）找到图片文件所在的文件夹，选择要插入的图片，单击"插入"按钮。

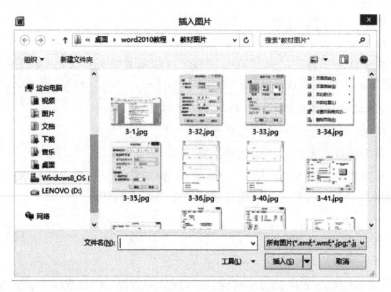

图 3-63 "插入图片"对话框

3.6.3 图片工具格式选项卡的使用

插入图片后,往往需要对图片进行进一步的调整,如图片的大小、位置、文字环绕方式等。要修改图片的格式首先必须选中该图片,在图片上单击,待周围出现八个句柄时即选中了图片。选中图片以后会在窗口中出现"图片工具格式"选项卡。单击此选项卡,可切换到该选项卡中。

【案例 32】利用"图片工具格式"选项卡进行图文混排,效果如图 3-64 所示。

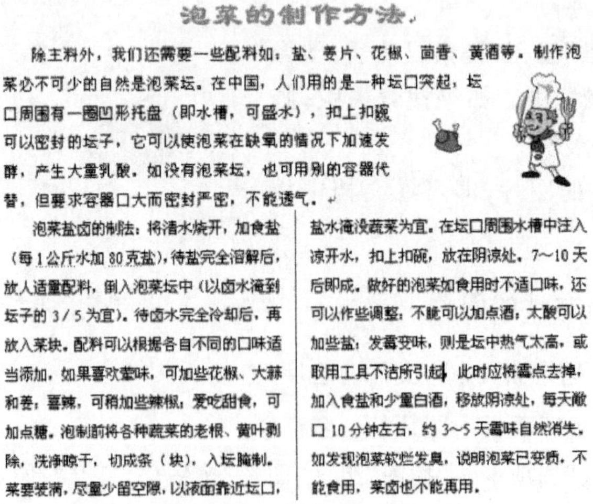

泡菜的制作方法

除主料外,我们还需要一些配料如:盐、姜片、花椒、茴香、黄酒等。制作泡菜必不可少的自然是泡菜坛。在中国,人们用的是一种坛口突起,坛口周围有一圈凹形托盘(即水槽,可盛水),扣上扣碗可以密封的坛子,它可以使泡菜在缺氧的情况下加速发酵,产生大量乳酸,如没有泡菜坛,也可用别的容器代替,但要求容器口大而密封严密,不能透气。

泡菜盐卤的制法:将清水烧开,加食盐(每1公斤水加 80 克盐),待盐完全溶解后,放入适量配料,倒入泡菜坛中(以卤水淹到坛子的 3/5 为宜)。待卤水完全冷却后,再放入菜块。配料可以根据各自不同的口味适当添加,如果喜欢蒜味,可加些花椒、大蒜和姜;喜辣,可稍加些辣椒;爱吃甜食,可加点糖。泡制前将各种蔬菜的老根、黄叶剥除,洗净晾干,切成条(块),入坛腌制。菜要装满,尽量少留空隙,以被面靠近坛口,盐水淹没蔬菜为宜。在坛口周围水槽中注入凉开水,扣上扣碗,放在阴凉处,7~10 天后即成。做好的泡菜如食用时不适口味,还可作些调整,不能可以加点酒,太酸可以加些盐;发霉变味,则是坛中热气太高,或取用工具不洁所引起,此时应将霉点去掉,加入食盐和少量白酒,移放阴凉处,每天敞口 10 分钟左右,约 3~5 天霉味自然消失。如发现泡菜软烂发臭,说明泡菜已变质,不能食用,菜卤也不能再用。

图 3-64 案例 32 效果图

（1）在文档中插入图片。

（2）设置图片与文字的环绕方式。

方法一：单击"图片工具格式"选项卡→"排列"组→"自动换行"按钮，从弹出的列表中选择环绕方式为"紧密型环绕"。

方法二：单击"图片工具格式"选项卡→"排列"组→"自动换行"按钮，从弹出的列表中选择"其他布局选项"，打开"布局"对话框的"文字环绕"选项卡，如图 3-65 所示，从中选择"紧密型"。此时，可以设置图片与正文之间的距离，在"距正文"选项组下，设置左、右分别为 1 厘米。

图 3-65　"文字环绕"选项卡

（3）设置图片大小。

方法一：拖动句柄可修改图片的大小。

①改变图片宽度：拖动图片左右两边中间的句柄；

②改变图片高度：拖动图片上下两边中间的句柄；

③按比例缩放图片：拖动图片四个角的句柄。

方法二：单击"图片工具格式"选项卡→"大小"组，在"高度"和"宽度"文本框中输入图片的高度和宽度值。

（4）改变图片的位置。鼠标放在图片上，按住左键拖动到新的位置即可。

3.6.4　插入艺术字

【案例 33】在文档中插入艺术字。

（1）单击"插入"选项卡→"文本"组→"艺术字"按钮，打开艺术字库列表，选择如图的艺术字造型，如图 3-66 所示。

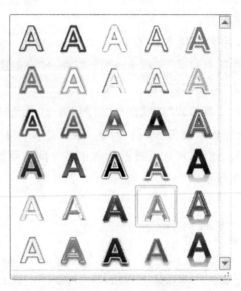

图 3-66　艺术字库列表

（2）编辑艺术字内容：泡菜的制作。

（3）单击"开始"选项卡→"字体"组，可在其中设置字体为"隶书"，字号为 60。

（4）选择插入的艺术字，单击"格式"选项卡→"艺术字样式"组，可在其中修改艺术字的样式。

（5）选择插入的艺术字，单击"格式"选项卡→"形状样式"组，可在其中修改艺术字的形状样式。

（6）选择艺术字，艺术字周围出现 8 个句柄、1 个绿球。拖动绿球可以对艺术字进行旋转，拖动周围的句柄可以修改艺术字的大小。

第4章　中文电子表格软件 Excel 2010 的使用

Excel 2010 是美国微软公司 Microsoft Office 2010 办公套装软件的又一重要成员,它以制表的形式来组织、计算、分析各种类型的数据。它能高效地输入数据,具有强大的函数、公式计算功能,方便的图表制作功能和有效的统计分析功能,是目前使用最广泛的电子表格制作软件之一。

4.1　认识 Excel 2010 的工作窗口

4.1.1　Excel 2010 工作窗口的组成

启动 Excel 2010 后,即可打开 Excel 2010 的工作界面。Excel 2010 的操作界面与 Word 2010 类似,主要包括快捷访问工具栏、标题栏、选项卡、工作区、状态栏等部分。除此之外,Excel 2010 操作界面还包括编辑栏、行号、列标、工作表区等部分,如图 4-1 所示。

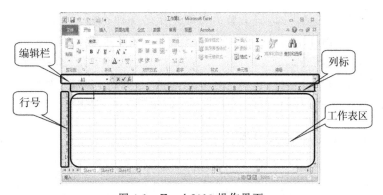

图 4-1　Excel 2010 操作界面

1. 标题栏

负责显示应用程序和当前打开的文件的名称。在我们的图示中,标题栏名称为"工作簿 1"。启动 Excel 后,打开的第一个空白工作簿的缺省名称为"工作簿 1",扩展名系统默认为. xlsx。

2. 菜单栏

位于标题栏下面,包含了 Excel 的操作命令。

3. 工具栏

在图 4-1 中,显示了标准工具栏和格式工具栏,它们仅仅是大量工具栏中很小的一部分。所谓工具栏,其实和我们生活中使用的工具箱非常相似,每个工具箱中装有大量的工具为我们使用。Excel中的工具栏有将近20个,也就是我们有将近20个工具箱。默认情况下,显示标准工具栏和格式工具栏,因为它们的使用频率非常高,所以就把它们摆放在非常明显的位置以方便使用。

4.公式栏

公式栏显示的是当前选中单元格的内容。由名称框、取消按钮、确定按钮、函数按钮及编辑栏组成。在未进行任何操作之前,公式栏的左边仅有一个 f_x 按钮,直接单击 f_x 按钮会在其左边出现×和√两个按钮,并弹出"插入函数"窗口,可以选择需要插入的常用公式来帮助计算。如果需要自己写一个公式,可以在选中的单元格中输入"=",则在 f_x 按钮的左边也会出现×和√两个按钮,输入公式完毕可以单击√按钮来完成输入,也可以直接按回车键来完成操作,而单击×按钮则取消输入的公式。

5.滚动条

有水平滚动条和垂直滚动条,用来调整工作区位置。

6.表单滚动按钮

在Excel中,有时候一个工作簿中可能有很多个表单,我们不可能在工作区同时看到所有的表单,所以可以通过表单滚动按钮来找到需要的表单。

7.状态栏

在Excel窗口的最下面,用于显示当前操作的各种状态,以及相应的提示信息。左边是消息区,提醒用户Excel在做什么。如果Excel准备妥当,消息区则显示"就绪"字样,如果是正在编辑单元格或输入数据,就会相应地显示"编辑"或"输入"字样。右边是自动计算显示框,可以自动快速显示对选定区域的汇总计算结果。自动计算显示框的右边是键盘状态显示区,如"大写""数字"或"改写"等。

4.1.2　Excel 2010 的基本术语

1.工作簿

工作簿是Excel存储和处理数据的文件,文件名为 * . xlsx。启动Excel后,系统会自动打开一个默认的工作簿文件Book1。一个工作簿中最多可以包含256个工作表。但默认的情况下,一个Excel工作簿中只有Sheet1、Sheet2、Sheet3三张工作表,且只有一个为当前工作表。

2.工作表

工作表是一张二维电子表格,是组成工作簿的基本单元,一切操作都在其上进行。

每个工作表都是由行和列组成的二维表格。默认情况下,行号用1,2,3,……表示,最多可以有65536行;列标用A,B,C…,Z,AA,AB,AC,…Ⅳ表示,最多可以有256列。

每个工作表都有一个名称,用工作簿窗口左下角工作表标签表示。用户可以根据需要为工作表重新命名或者添加、删除工作表。单击这些标签可以在不同工作表之间进行切换。

3.单元格及活动单元格

单元格是组成工作表的最小存储单元,是组成工作表的基本单位。每个单元格最多可存储 32000 个字符,用户可在单元格中输入数字、文本、公式、函数和图形等数据。

单击某个单元格,该单元格被黑色粗边框包围,称为活动单元格,同时活动单元格的地址名称在名称框中显示。此时可以在该单元格中输入或编辑数据。

4.单元格地址

为引用方便,每个单元格都有固定的地址,默认的由"列标+行号"组成,如 E8,H20 等。在计算公式中,每个单元格中的数据都是通过其地址来引用的。

5.单元格区域

若干个相邻或不相邻的单元格可组成单元格区域,如 C3:D8。

4.2　管理工作簿

要使用 Excel 2010 制作表格,除了需认识其操作界面外,还应掌握管理工作簿的基本方法,包括新建、打开、保存、关闭等操作。

4.2.1　新建工作簿

启动 Excel 2010 后,系统将自动创建"工作簿 1"工作簿。除此之外,新建工作簿的方法还包括以下 3 种。

(1)选择"文件"→"新建"命令,在中间列表的"可用模板"栏中选择"空白工作簿"选项,单击右侧的"创建"按钮,可新建空白文档。

(2)按 Ctrl+N 组合键可新建空白工作簿。

(3)选择"文件"→"新建"命令,在"可用模板"栏中选择"样本模板"选项,在打开的界面中选择任意选项,然后单击右侧的"创建"按钮,可基于该模板创建工作簿。

4.2.2　打开工作簿

打开工作簿的方法主要有以下 3 种:

(1)单击快速访问工具栏中的"打开"📁按钮。

(2)按 Ctrl+O 组合键。

(3)选择"文件"→"打开"命令,在打开的"打开"对话框中选择要打开的工作簿,然后单击"打开"按钮即可。

4.2.3　保存工作簿

保存工作簿的方法主要有以下 3 种。

（1）单击快速访问工具栏的"保存" ![img] 按钮。

（2）选择"文件"→"保存"命令，打开"另存为"对话框，设置文件保存位置和文件名后单击"确定"按钮。

（3）按 Ctrl＋S 组合键。

4.2.4　关闭工作簿

关闭工作簿的方法主要有以下几种。

（1）选择"文件"→"关闭"命令。

（2）单击窗口右上角的 ![×] 按钮。

（3）按 Ctrl＋W 组合键或 Ctrl＋F4 组合键。

技巧：关闭工作簿和退出 Excel 2010 是两个不同的概念。前一个表示只关闭打开的工作簿而不退出 Excel 2010 软件；后一个表示直接关闭 Excel 2010 软件，此时打开的所有工作簿将同时关闭。

技巧：操作过程中也可以为 Excel 工作簿添加密码，其方法与为 Word 文档添加密码相同。

【案例 1】用模板创建"个人预算工作簿"并保存。

（1）启动 Excel 2010 程序。

（2）单击"文件"选项卡，然后单击"新建"命令。在窗口中选择"样本模板"。此时窗口显示可用模板，选择"个人月预算"选项。单击"创建"按钮。

（3）此时，创建了"个人月预算 1"的工作簿，如图 4-2 所示。

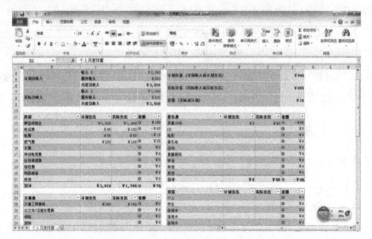

图 4-2　创建"个人月预算"工作簿

（4）单击"文件"→"另存为"，打开"另存为"对话框，选择保存位置为"E 盘/excel"，文件名处填写"我的预算"，在"保存类型"处选择"Excel 工作簿"。单击"保存"按钮。

试一试：根据系统模板创建新工作簿，并将工作簿保存为模板文件[在"另存为"对话框的"保存类型"下拉列表框中选择"Excel 模板"（∗. xltx）选项]。

4.3　工作表的基本操作

4.3.1　选择与重命名工作表

工作表用于组织和管理各种相关的数据信息。一个工作簿中可能包含多张工作表，要对工作表中的数据进行编辑，必须先选择工作表。工作簿的名称并不是不可变的，可根据需要对其进行重命名。

1. 选择工作表

选择工作表的实质是选择工作表标签，主要有以下几种方法。

（1）选择单张工作表：单击工作表标签，可选择对应工作表。

（2）选择连续的多张工作表：单击选择第一张工作表，按住 Shift 键不放的同时选择其他工作表。

（3）选择不连续的多张工作表：选择第一张工作表，按住 Ctrl 键不放的同时选择其他工作表。

（4）选择全部工作表：在任意工作表上单击鼠标右键，在弹出的快捷菜单中选择"选定全部工作表"命令。

2. 重命名工作表

工作表默认以"Sheet1、Sheet2……"命名，也可将其更改为自定义名称，其具体操作如下：

（1）在要重命名的工作表标签上单击鼠标右键，在弹出的快捷菜单中选择"重命名"命令，或直接双击该工作表标签。

（2）此时所选工作表标签呈可编辑状态，直接输入文本，然后按 Enter 键或在工作表其他位置单击，取消编辑状态即可。

4.3.2　复制与移动工作表

通过复制和移动工作表，可改变表格位置，添加多个同类型表格。

1. 复制工作表

复制工作表可得到相同的工作表，以提高工作效率，避免重复制作。其具体操作如下：

（1）在需要复制的工作表标签上单击鼠标右键，在弹出的快捷菜单中选择"移动或复制工作表"命令。

　　（2）打开"移动或复制工作表"对话框，选择复制工作表的位置，再选中"建立副本"复选框，如图 4-3 所示。单击"确定"按钮完成工作表的复制。

图 4-3　"移动或复制工作表"对话框

　　2. 移动工作表

　　移动工作表和复制工作表的操作相同，只需在"移动或复制工作表"对话框中取消选中"建立副本"复选框即可。

　　技巧：在工作表标签上按住鼠标左键不放，直接将其拖动到目标位置后释放鼠标，也可移动工作表。在拖动过程中按住 Ctrl 键不放，可复制工作表。

4.3.3　插入与删除工作表

　　Excel 2010 工作簿中默认有 3 张工作表。当编辑的数据较多时，可在工作簿中插入工作表；对于工作簿中多余的工作表，可将其删除。

　　1. 插入工作表

　　插入工作表的具体操作如下：

　　（1）在"Sheet1"工作表标签上单击鼠标右键，在弹出的快捷菜单中选择"插入"命令。

　　（2）打开"插入"对话框，默认选择"工作表"选项，单击"确定"按钮。

　　（3）返回 Excel 工作表，系统在选中的工作表前方插入一张空白工作表。

　　技巧：单击所有工作表标签后的"插入工作表"按钮，可快速添加一个默认工作名的空白工作表。

　　2. 删除工作表

　　删除工作表后，其右侧的工作表将成为当前工作表。通过鼠标右键和组按钮两种方法可删除工作表。

（1）在需删除的工作表标签上单击鼠标右键，在弹出的快捷菜单中选择"删除"命令。

（2）选择需删除的工作表，在"单元格"组中单击"删除"按钮 的下拉按钮，在打开的下拉菜单中选择"删除工作表"命令。

4.3.4　美化工作表

默认情况下，Excel 工作表标签呈白底黑色显示。为快速查找所需的工作表，可为工作表标签设置不同颜色，使工作表名称突出显示，主要有以下两种方法。

（1）选择工作表标签，单击"开始"→"单元格"组中的"格式"按钮，在打开的下拉菜单中选择"工作表标签颜色"命令，在打开的子菜单中选择颜色，如图 4-4 所示。

图 4-4　使用按钮添加工作表标签颜色

（2）在工作表标签上单击鼠标右键，在弹出的快捷菜单中选择"工作表标签颜色"命令，在打开的子菜单中选择颜色。

【案例 2】制作"客户统计表.xlsx"工作簿。

（1）双击"客户统计表.xlsx"工作簿文件，打开该工作簿。

（2）该工作簿只有一张工作表，在"客户统计表"上双击，其名称处于可编辑状态时，切换输入法，输入文本"一月客户统计"。

（3）按 Enter 键确认输入，在该工作表上单击鼠标右键，在弹出的快捷菜单中选择"移动或复制工作表"命令。

（4）打开"移动或复制工作表"对话框，在"下列选定工作表之前"列表框中选择"（移至最后）"选项，选中"建立副本"复选框，单击"确定"按钮完成工作表的复制。

（5）复制的工作表名称为"一月客户统计（2）"，将其重命名为"二月客户统计"，并使用相同的方法复制并重命名三月、四月对应的工作表。

（6）选择"一月客户统计"工作表，单击鼠标右键，在弹出的快捷菜单中选择"工作表标签颜色"命令，在打开的子菜单中选择"红色"选项。

（7）使用相同的方法为其他工作表标签设置不同的颜色，完成后按 Ctrl＋S 组合键保存对工作簿做的修改。

4.4　单元格的基本操作

要在单元格中进行编辑，则必须掌握单元格的基本操作，包括选择单元格、复制与移动单元格、合并与拆分单元格、插入与删除单元格等。

4.4.1　选择单元格

要在表格中输入数据，应先选择输入数据的单元格。在工作表中选择单元格的方法有多种，下面逐一介绍。

（1）选择单个单元格：将鼠标指针移动到单元格上，单击鼠标左键，或在名称框中输入单元格列标和行号后按 Enter 键，即可选择该单元格。

（2）选择相邻的多个单元格：选择某一单元格，然后按住鼠标左键不放拖动到目标单元格，或按住 Shift 键的同时选择目标单元格，即可选择相邻的多个单元格。

（3）选择不相邻的多个单元格：按住 Ctrl 键的同时依次单击需要选择的单元格，即可选择不相邻的多个单元格。

（4）全选单元格：单击行标和列标左上角交叉处的"全选"按钮　，或按 Ctrl＋A 组合键，即可选择工作表中所有的单元格。

4.4.2　复制与移动单元格

当需要在工作表中多次输入相同数据时，可采用复制数据的方法快速完成输入；若数据的位置输入错误，则可采用移动数据的方法将其移至正确的位置上。

1.复制单元格

复制单元格可通过命令和按住 Ctrl 键拖动鼠标两种方式进行。

（1）在单元格上单击鼠标右键，在弹出的快捷菜单中选择"复制"命令。在目标单元格上单击鼠标右键，在弹出的快捷菜单中选择"粘贴选项"中的"粘贴"命令。

（2）按住 Ctrl 键不放，将鼠标指针移动到单元格边框上，当鼠标指针右上角出现"＋"形状时，拖动鼠标至目标单元格后释放即可。

2.移动单元格

移动单元格同样可通过命令和拖动鼠标两种方式进行。

（1）在单元格上单击鼠标右键，在弹出的快捷菜单中选择"剪切"命令。在目标单元格上单击鼠标右键，在弹出的快捷菜单中选择"粘贴选项"中的"粘贴"命令。

（2）将鼠标指针移动到单元格边框上，当其变为十字箭头时，拖动鼠标至目标单元格后释放即可。

4.4.3　合并与拆分单元格

在制作表格的过程中经常需要合并和拆分单元格。如表标题、表头等跨度较大的单元格，应使用合并单元格功能创建。在 Excel 中还可将合并的单元格拆分为原始单元格。

1. 合并单元格

合并单元格主要包括以下两种方法。

（1）选择要合并的单元格区域，在"开始"→"对齐方式"组中单击"合并后居中"按钮　。

（2）选择要合并的单元格区域，单击鼠标右键，在弹出的快捷菜单中选择"设置单元格格式"命令，在打开的对话框中单击"对齐"选项卡，在"文本控制"栏中选中"合并单元格"复选框，单后单击"确定"按钮，确认设置即可，如图 4-5 所示。

图 4-5　合并单元格

技巧：单击"合并后居中"按钮　右侧的下拉按钮，在打开的下拉菜单中可选择不同的命令，对单元格区域进行不同方式的合并。

2. 拆分单元格

拆分单元格的方法与合并单元格的方法相反，即选择合并的单元格，然后单击"合并后居中"按钮　，或打开"设置单元格格式"对话框，在"对齐"选项卡下取消选中"合并单元格"复选框即可。

4.4.4　插入与删除单元格

在表格中可插入和删除单个单元格，也可插入或删除一行或一列单元格。

1. 插入单元格

在编辑数据时,如果要在已有数据的表格中插入新的数据,而不影响后面单元格的数据,只需执行插入单元格命令即可。

(1) 选择单元格,在"开始"→"单元格"组中单击"插入"按钮右侧的下拉按钮,在打开的下拉菜单中选择"插入单元格"命令,如图 4-6 所示。

(2) 打开"插入"对话框(图 4-7),选中对应的单选项后,单击"确定"按钮即可。

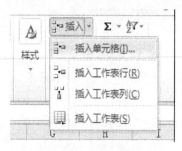　　　　

图 4-6　选择"插入单元格"命令　　　　图 4-7　"插入"对话框

提示:单击"插入"按钮右侧的下拉按钮,在打开的下拉菜单中选择"插入工作表行"或"插入工作表列"命令,可插入整行或整列单元格。

2. 删除单元格

在编辑表格数据时,若工作表中有多余的单元格、行或列,则可将其删除。其具体操作如下:

(1) 选择要删除的单元格,单击"开始"→"单元格"组中的"删除"按钮右侧的下拉按钮,在打开的下拉菜单中选择"删除单元格"命令。

(2) 打开"删除"对话框,选中对应的单选项后,单击"确定"按钮,即可删除所选单元格。

提示:单击"删除"按钮右侧的下拉按钮,在打开的下拉菜单中选择"删除工作表行"或"删除工作表列"命令,可以删除整行或整列单元格。

【**案例 3**】制作"来访登记表. xlsx"工作簿。

(1) 打开"来访登记表. xlsx"工作簿,选择 A1:H1 单元格区域,在"开始"→"对其方式"组中单击"合并后居中"按钮。

(2) 选择 D6 单元格,单击鼠标右键,在弹出的快捷菜单中选择"插入"命令,打开"插入"对话框。选中"活动单元格右移"单选项,然后单击"确定"按钮。

(3) D6 单元格及其右侧所有的单元格将右移一个单元格距离。选择 D9 单元格,单击鼠标右键,在弹出的快捷菜单中选择"删除"命令,打开"删除"对话框。选择"右侧单元格左移"单选项,然后单击"确定"按钮。

(4) 选择 E12:H12 单元格区域,将鼠标指针移到其边框上,当其变为十字箭头形状时,拖动鼠标至 D12 单元格后释放。

（5）此时所选单元格区域的内容将移至 D12 单元格,完成后保存对工作簿的编辑即可。

想一想:通过操作,总结选择、复制与移动、合并与拆分、插入与删除单元格的其他方法。

4.5　输入和修改数据

在 Excel 2010 中制作表格时,可在单元格中输入不同类型的数据,也可快速并准确地输入一些相同或有规律的数据。

4.5.1　输入数据

使用 Excel 2010 制作表格时,可在表格中输入文本、数字、符号、时间和日期等不同类型的数据,主要包括以下几种输入方法。

（1）选择单元格,直接输入数据,然后按 Ctrl＋Enter 组合键确认。

（2）双击单元格,在其中定位光标插入点,输入数据后按 Ctrl＋Enter 组合键确认。

（3）选择单元格,在编辑栏中定位光标插入点,输入数据后按 Ctrl＋Enter 组合键或单击"输入"确认按钮 ✔,确认输入。

提示:选择连续或不连续的多个单元格,直接输入数据,然后按 Ctrl＋Enter 组合键确认输入后,可在所有选择的单元格中同时输入数据,如图 4-8 所示。

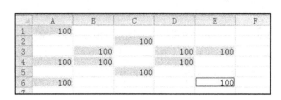

图 4-8　在所选单元格中同时输入数据

提示:输入文本后,按 Enter 键将确认输入并选中当前单元格的下一个单元格;按 Ctrl＋Enter 组合键将确认输入并选择当前单元格。

（1）输入文本型数据:文本型数据默认的格式是"左对齐",在输入文本型数据时,直接在单元格或编辑栏中输入即可。

初始状态下,每个单元格的宽度仅为 8 个字符,因此,输入数据时可分为两种情况:

①如果活动单元格右边的单元格为空,则允许超过列宽输入文字。

②如果右边的单元格中已有数据,则截断显示。截断显示并不影响文本的实际

值,调整列宽后即可显示全部内容。

注:需要特别指出的是,如果要输入全部由数字组成的文本串(如电话号码、邮政编码、身份证号码等),为了不让系统将其解释为数字,必须在其前添加一个单引号,或者该数据格定义为"文本"型数据。

在一个单元格中输入数据时,Excel 默认为不换行,如需换行,只要按 Alt+Enter 组合键即可。

(2) 输入数值型数据。

数值型数据包含数字 0~9 和一些特殊符号,如+、-、,、.、(、)、/、$、%、指数符号 E 和 e 等。数值型数据在单元格中默认的显示方式是"右对齐"。

Excel 2010 可以接受的数值类型有整数、小数、分数、科学计数(如 1.3E+5)4 种。

输入数字时,直接在单元格中输入数字即可,Excel 2010 允许整数部分长度为 11 位,超过时单元格将以科学计算法表示。

数值型数据有以下几种输入方式:

①如果要输入一个正数,数值前的+号可以省略。输入+255 和 255 时,在单元格中得到的都是 255。

②如果要输入一个负数,可以在数值前直接加负号,或用小括号将数值括起来。输入-25 和(25)都能在单元格中得到-25。

③"."作为小数的标志,如 45.5。

④输入百分数时,先输入数值,再输入百分号。

⑤","作为千位分隔符,要从低位向高位每三位加一个逗号,否则系统认为输入的是一个文本数据。例如,输入 12,345,678 是数值数据(右对齐),而输入 123,456, 78 则是文本数据(左对齐)。

⑥¥和 $ 都是货币单位,输入¥123 和 $123 都是按数值数据处理。

⑦输入纯分数必须先输入数字 0 和一个空格,然后再输入分数。如输入 0 4/5, 在单元格中得到的是以分数显示的 4/5。如果直接输入 4/5,Excel 会认为输入的是日期型数据"4 月 5 日"。

⑧输入带分数必须先输入整数部分,然后输入一个空格,最后再输入分数。如输入 3 2/5,在单元格中得到的是以分数显示的 3 2/5。

在 Excel 中,由于单元格的宽度受数据显示格式的限制,所输入的数据与显示的数据可能不同,但数据的大小仍以实际输入值为准。即在进行运算时,以实际数值参加运算,而不是以显示数值参加运算。当单元格中的数据显示不完整时,系统会以"#"显示,如######,说明列宽已不足以显示数据。适当增加单元格的列宽,数据就会重新显示。

(3) 输入日期和时间型数据。

Excel 中的日期和时间格式有很多种,当在单元格中输入的日期或时间数据与

Excel 的日期或时间格式匹配时,Excel 即将它们识别为日期或时间。日期时间型数据在单元格中的默认显示方式是"右对齐"。

① 输入日期。

常用的日期输入格式有 yy/mm/dd、yy-mm-dd、mm/dd、mm-dd 等。

输入 2006-2-1 或 2006/2/1,在单元格中显示的日期均为 2006-2-1;输入 2-1 或 2/1,在单元格中显示的日期均为 2 月 1 日。

要输入当前日期,只需按 Ctrl+;组合键。

② 输入时间。

常用的输入时间格式为 hh:mm:ss　AM/PM。其中 AM 代表上午,PM 代表下午,大小写字母均可。hh:mm:ss 与 AM/PM 之间必须有空格,否则 Excel 会当做文本数据处理。

要输入当前的时间,只需按 Ctrl+Shift+;组合键。

4.5.2　填充数据

填充数据是指对相同数据或有规律的数据进行填充输入,主要有以下几种方法。

(1) 鼠标拖动填充:选择有数据的单元格,将鼠标指针移至该单元格的右下角,当鼠标指针变为"十"形状时,按住鼠标左键不放进行拖动,即可填充相同数据;按住 Ctrl 键不放的同时进行拖动,即可填充序列数据,如图 4-9 所示。

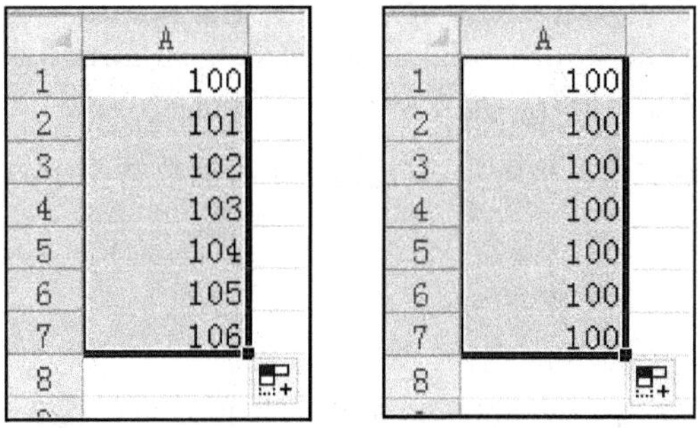

图 4-9　拖动鼠标填充

(2) 通过"序列"对话框填充:选择起始单元格和目标单元格之间的单元格区域,单击"开始"→"编辑"组中的"填充"按钮,在打开的下拉菜单中选择"系列"命令,打开"序列"对话框,在其中设置参数并确认后,可为选择的单元格区域填充数据,如图 4-10所示。

(3) 自定义序列填充:选择"文件"→"选项"命令,打开"Excel 选项"对话框。单击"高级"选项卡,在"常规"栏中单击"编辑自定义列表"按钮,打开"自定义序列"对话框,在"输入序列"列表框中输入序列,然后单击"添加"按钮,如图 4-11所示。

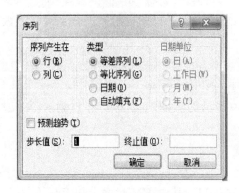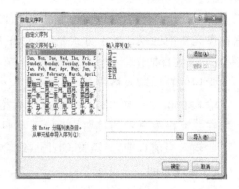

图 4-10   通过"序列"对话框填充   图 4-11   自定义填充序列

提示：自定义序列后，在单元格中输入该序列的任意数据，然后拖动填充柄即可按该序列填充数据。

4.5.3   修改和删除数据

如果输入了错误的文本，还可对其进行修改，或直接将其删除。

1.修改数据

修改数据主要有以下几种方法。

（1）选择数据错误的单元格，在编辑栏中定位光标插入点，按 Delete 键删除错误数据后输入正确数据，按 Ctrl＋Enter 组合键确认。

（2）选择数据错误的单元格，双击鼠标，在其中定位光标插入点，删除错误数据后输入正确数据，按 Ctrl＋Enter 组合键确认。

（3）选择数据错误的单元格区域，直接输入正确的数据，然后按 Ctrl＋Enter 组合键。

2.删除数据

删除数据主要有以下几种方式。

（1）选择单元格，按 Delete 键。

（2）选择单元格，单击鼠标右键，在弹出的快捷菜单中选择"清除内容"命令。

（3）选择单元格，在"开始"→"编辑"组中单击"清除"按钮 ，在打开的下拉菜单中选择"全部清除"命令。

4.5.4   查找和替换数据

在工作簿中可以利用 Excel 的查找和替换功能对单元格中的数据进行查找和替换。

1.查找数据

使用查找功能可快速查找到所有符合条件的数据，其具体操作如下。

（1）单击"开始"→"编辑"组中的"查找和选择"按钮 ，在打开的下拉菜单中选择"查找"命令。

（2）打开"查找和替换"对话框,在"查找"选项卡的"查找内容"文本框中输入文本,单击"查找下一个"按钮即可,如图 4-12 所示。

图 4-12　查找数据

技巧:单击"查找全部"按钮,在"查找和替换"对话框的下方区域将显示所有符合条件数据的具体信息。

2.替换数据

若需要修改工作表中查找的所有数据,可使用替换操作快速将满足条件的数据替换成指定内容。其具体操作如下。

（1）单击"开始"→"编辑"组中的"查找和选择"按钮 ,在打开的下拉菜单中选择"替换"命令。

（2）打开"查找和替换"对话框,在"替换"选项卡的"查找内容"文本框中输入查找文本,在"替换为"文本框中输入要替换的文本,如图 4-13 所示。

图 4-13　替换数据

（3）单击"全部替换"按钮,将查找到的文本全部替换为要替换的内容,此时将打开提示对话框,单击"确定"按钮关闭该对话框即可。

【案例 4】创建"出差统计表.xlsx"工作簿。

（1）打开"出差统计表.xlsx"工作簿,选择 B3 单元格,在编辑栏中定位光标插入点,输入文本"财务部",如图 4-14 所示。

出差统计表						
姓名	部门	住宿费	交通费	餐饮费	通讯费	合计
邵超	财务部					
郭星瑞						
李全友						
林晴华						

图 4-14　输入数据

（2）按 Ctrl＋Enter 组合键确认输入，将鼠标指针移至 B3 单元格的右下角，当鼠标指针变为"十"形状时，按住鼠标左键不放并拖动，到 B5 单元格时释放鼠标填充数据，如图 4-15 所示。

图 4-15　填充数据

（3）选择 B6 单元格，按住 Ctrl 键不放的同时选择 B8、B10 单元格，直接输入数据"人事部"，按 Ctrl＋Enter 组合键确认输入，如图 4-16 所示。

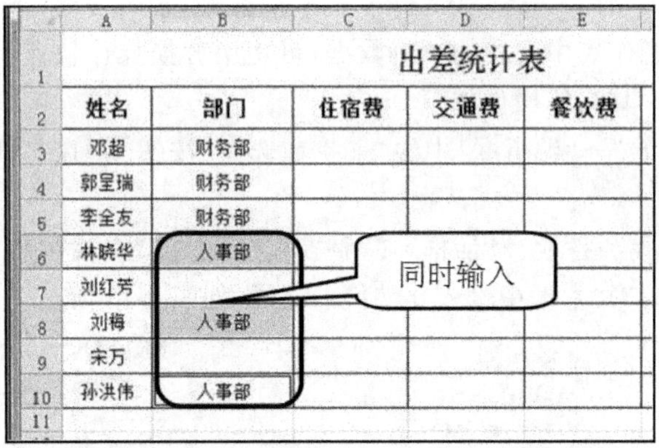

图 4-16　在多个单元格内同时输入数据

（4）使用相同的方法在 B7、B9 单元格中输入文本"企划部"。

（5）在 C3 单元价格中输入"100"，然后选择 C3：C10 单元格区域，在"开始"→"编辑"组中单击"填充"按钮，在打开的下拉列表中选择"系列"命令，打开"序列"对话框。

（6）在"类型"栏中选择"等差数列"单选项，在"步长值"文本框中输入"10"，单击"确定"按钮确认设置。

（7）返回表格后，即可查看填充效果。使用相同的方法，输入并填充表格中其他的数据。

试一试：创建自定义序列，并在工作簿中按自定义的序列进行填充。

4.6　编辑与美化表格数据

4.6.1　设置单元格格式

为了使表格效果更美观，可为单元格设置格式。

1. 设置数据类型

默认情况下,在单元格中输入的数据为"常规"类型。对于某些特殊的数据来说,如货币、小数等,设置数据类型可使其可读性更强。

1) 通过功能区设置

选择单元格或单元格区域后,在功能区可直接对数据类型进行简单的设置。在"开始"→"数字"组中可直接选择需要的数据类型或单击对应按钮进行设置,如图 4-17所示。

图 4-17　在功能区设置

"数字格式"下拉列表框 常规 ：在其中可以快速选择数据类型,包括数字、会计专用、货币、时间等。

"会计数字格式"按钮 ：单击该按钮,将自动为选中的单元格或单元格区域内的数值格式设置为会计类数字。

"百分比样式"按钮 % ：单击该按钮,将为选中的单元格或单元格区域应用百分比样式。

"千位分隔符样式"按钮 , ：单击该按钮,将为选中的单元格或单元格区域应用千分位样式。

"增加小数位数"按钮 ：单击该按钮,将增加一位小数位数。

"减少小数位数"按钮 ：单击该按钮,将减少一位小数位数。

2) 通过对话框设置

选择单元格或单元格区域,打开"设置单元格格式"对话框,在其中可设置更详细的数据格式。

（1）选择单元格或单元格区域,单击鼠标右键,在弹出的快捷菜单中选择"设置单元格格式"命令。

（2）打开"设置单元格格式"对话框,在"分类"列表框中选择数据类型,在右侧展开的区域设置具体的数据格式,单击"确定"按钮确认即可,如图 4-18 所示。

提示:在"开始"→"数字"组中单击功能扩展按钮 ,也可打开"设置单元格格式"对话框。

2. 设置数据格式

设置数据格式是指对单元格中的内容设置字符格式。在 Excel 2010 中,单元格

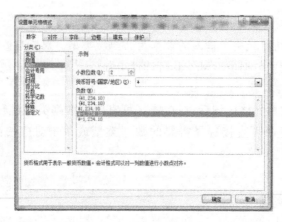

图 4-18　通过对话框设置

内容的格式同样可通过功能区和对话框进行设置。

　　1）通过功能区设置

　　选择单元格或单元格区域，在"开始"→"字体"组中可直接对单元格数据的字体、字号、字形等进行设置，如图 4-19 所示。

　　2）通过对话框设置

　　选择单元格或单元格区域，打开"设置单元格格式"对话框，单击"字体"选项卡，在其中对应栏可设置数据格式，如图 4-20 所示。

图 4-19　在功能区设置数据格式

图 4-20　通过对话框设置

3.设置对齐方式

　　在 Excel 的单元格中输入数据时，系统会自动识别输入数据的类型，并默认其对齐方式，如输入文本则左对齐，输入数字则右对齐等。通过单击功能区对齐按钮，或在"设置单元格格式"对话框的"文本对齐方式"栏中可设置单元格数据的对齐方式。

　　1）通过功能区设置

　　选择单元格或单元格区域后，在"开始"→"对齐方式"组中单击对应的对齐按钮，可设置数据垂直或水平对齐方式。

垂直对齐按钮：分为"顶端对齐"按钮、"垂直居中"按钮和"低端对齐"按钮
3 种。

水平对齐按钮：分为"文本左对齐"按钮，"居中"按钮和"文本右对齐"按钮
3 种。

2）通过对话框设置

打开"设置单元格格式"对话框的"对齐"选项卡，在"文本对齐方式"栏的"水平对
齐"和"垂直对齐"下拉列表框中选择对应的选项即可设置对齐方式，如图 4-21 所示。

图 4-21　通过对话框设置

4. 设置自动换行

当单元格的内容较多时，可能出现不能完全显示单元格内容的现象。此时可对
单元格设置自动换行，方法有以下 3 种。

（1）在"开始"→"对齐方式"组中单击"自动换行"按钮　。

（2）在"开始"→"对齐方式"组中单击扩展功能按钮　，打开"设置单元格格式"
对话框，在"文本控制"栏中选中"自动换行"复选框。

（3）双击单元格进入编辑状态，在要换行的文本前定位光标插入点，按 Alt＋En-
ter 组合键强制换行。

5. 设置边框和底纹

在默认情况下，Excel 的网格线不能被打印，为使表格轮廓更加清晰，更具有层
次感，需对单元格的边框进行设置，并添加底纹颜色。

1）设置边框

选择单元格区域后，在"开始"→"字体"组中单击"下划线"按钮　右侧的下拉按
钮　，在打开的下拉菜单中选择对应的边框命令即可设置单元格边框。除此之外，还
可在对话框中进行设置，其具体操作如下。

（1）选择要设置边框的单元格或单元格区域，在"开始"→"字体"组中单击扩展
功能按钮　，打开"设置单元格格式"对话框。

（2）单击"边框"选项卡，在"样式"列表框中选择边框样式，然后在"预置"栏或
"边框"栏中单击对应的边框按钮即可，如图 4-22 所示。

2）设置底纹

设置表格底纹的方法和设置表格边框的方法类似，具体包括以下两种。

（1）单击"开始"→"字体"组中的"颜色"按钮 右侧的下拉按钮 ，在弹出的下拉列表中选择底纹颜色即可。

（2）打开"设置单元格格式"对话框，单击"填充"选项卡，在其中设置单元格或单元格区域底纹，如图 4-23 所示。

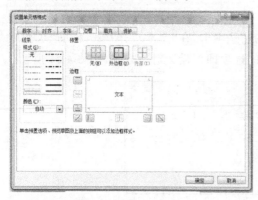
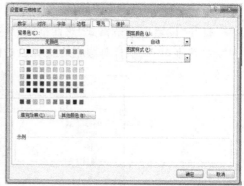

图 4-22　设置表格边框　　　　　　　　　　图 4-23　设置表格底纹

6.调整行号和列宽

如果单元格中数据过多，默认单元格太小，不能完全显示其中的内容时，可根据需要调整行高与列宽。

（1）在行号上拖动鼠标选择要调整行高的行。

（2）单击"开始"→"单元格"组中的"格式"按钮 ，在打开的下拉菜单中选择"行高"命令，打开"行高"对话框。

（3）在其中可设置表格的行高。

（4）在列标上拖动鼠标选择要调整列宽的列。

（5）单击"开始"→"单元格"组中的"格式"按钮 ，在打开的下拉菜单中选择"列宽"命令，打开"列宽"对话框，在其中可设置所选列的列宽。

技巧：选择行或列后，将鼠标指针移至选中的行或列之间的分割线上，当其变为 或 形状时，单击并拖动也可调整行高或列宽。

7.套用单元格或表格样式

Excel 2010 提供了单元格格式和表格格式等多种预设样式，可快速对所选单元格或单元格区域进行设置。

1）套用单元格样式

选择单元格或单元格区域后，在"开始"→"样式"组中单击"单元格样式"按钮 ，在打开的下拉菜单中选择对应的选项，为所选单元格或单元格区域应用该样式，如图 4-24 所示。

2）套用表格样式

（1）选择表格所在单元格区域后，单击"开始"→"样式"组中的"套用表格格式"

按钮 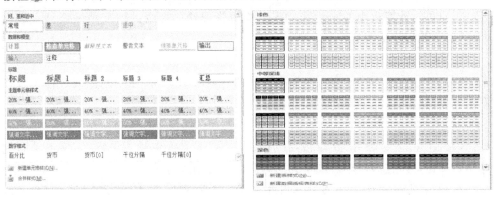，在打开的下拉列表中选择表格样式，如图 4-25 所示。

图 4-24　套用单元格样式　　　　　　　　　图 4-25　套用表格样式

（2）打开"套用表格式"对话框，确认数据源单元格区域的地址即可。

（3）打开"套用格式"对话框，确认数据源单元格区域的地址即可。

【案例 5】编辑"考核表.xlsx"工作簿。

（1）打开"考核表.xlsx"工作簿，选择 A1:F1 单元格区域，在"开始"→"对齐方式"组中单击"合并后居中"按钮 ，使其合并并居中。

（2）在"开始"→"字体"组中设置所选单元格区域的字符格式为"微软雅黑，14"。

（3）选择 A2:F2 单元格区域，设置字符格式为"微软雅黑，11"，在"对齐方式"组中单击"居中"按钮 ，使其居中对齐。

（4）选择 A3:F12 单元格区域，设置字号为"10"，单击"居中"按钮 ，使其居中对齐。

（5）选择第一行，将鼠标指针移至第一行下分线上，当其变为 形状时，单击鼠标左键不放并向下拖动，调整第一行的行高。

（6）使用相同的方法调整第二行行高，然后选择 3～12 行，在"开始"→"单元格"组中单击"格式"按钮，在打开的下拉菜单中选择"行高"命令。

（7）打开"行高"对话框，设置行高为"15"，然后使用相同的方法调整各列的列宽。

（8）选择 A3:F12 单元格区域，单击"开始"→"样式"组中的"套用表格格式"按钮，在打开的下拉列表中选择"表样式浅色 10"选项。

（9）在打开的对话框中单击"确定"按钮。保存工作簿。

试一试：单击"套用表格格式"按钮，在打开的下拉列表中选择"新建表样式"命令，尝试自主创建表格样式。

4.6.2　美化工作表

为了使表格效果更丰富，还可在工作簿中插入图片、剪贴画，以及设置工作表背景等。

1. 插入图片和剪贴画

用户可将计算机中的图片和 Office 剪辑管理器中提供的精美剪贴画插入表格中,从而美化表格的内容。

(1) 在"插入"→"插图"组中单击"图片"按钮 ,打开"插入图片"对话框。

(2) 在"查找范围"下拉列表框中选择图片的存放位置,在中间的列表框中选择图片,然后单击"插入"按钮即可。

(3) 选择单元格或单元格区域,单击"插入"→"插图"组中"剪贴画"按钮 。

(4) 打开"剪贴画"任务窗格,在"搜索文字"文本框中输入关键字,单击其右侧"搜索"按钮,开始搜索,单击搜索到的剪贴画即可插入剪贴画。

技巧:在 Excel 2010 中对插入图片设置格式方法和在 Word 2010 中相似,只需选择图片,再在激活的选项卡中进行设置即可。

2. 插入工作表背景

为了让工作表的外观更具吸引力,可为工作表设置背景。

图 4-26　设置背景

(1) 在"页面布局"→"页面设置"组中单击"背景"按钮 。

(2) 打开"工作表背景"对话框,选择背景图片的保存路径,在中间列表框中选择背景图片,单击"插入"按钮。

(3) 返回工作簿中可查看已添加的背景图片效果,如图 4-26 所示。

技巧:设置工作表背景后,"页面设置"组中"背景"按钮 背景 将自动变成"删除背景"按钮 删除背景 。单击该按钮,将删除已设置的工作表背景。

【案例 6】美化"产品价格表.xlsx"工作簿。

(1) 选择 A1 单元格,在"插入"→"插图"组中单击"图片"按钮 ,打开"插入图片"对话框。

(2) 选择图片存放位置,在中间的列表框中选择图片"护肤品",单击"插入"按钮。

(3) 所选图片插入到工作簿中,保持图片的选中状态。

(4) 在"图片工具—格式"→"调整"组中单击"颜色"按钮 右侧的下拉按钮 ,在打开的下拉菜单中选择"设置透明色"命令,如图 4-27 所示。

(5) 返回工作表,鼠标指针变成 形状,在插入图片的白色背景部位单击,即可设置透明色,效果如图 4-28 所示。

(6) 拖动图片四周的节点调整大小,并利用鼠标将图片拖动到第一行标题旁。

(7) 选择 B2 单元格,在"插入"→"插图"组中单击"剪贴画"按钮 ,打开剪贴画任务窗格。

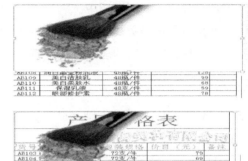

　　图 4-27　选择透明色　　　　　　　　　　　　　图 4-28　设置透明色

　　（8）输入关键字"护肤"，单击"搜索"按钮，系统自动进行搜索，在搜索结果中选择一张剪贴画。

　　（9）拖动图片四周节点调整大小，并利用鼠标将剪贴画拖动到第二行艺术字旁。保存。效果如图 4-29 所示。

货号	产品名称	包装规格	价目（元）	备注
AB103	防晒露	72支/件	79	
AB104	晒后修护露	72支/件	69	
AB105	保湿防护喷雾	72支/件	88	
AB106	珍珠莹亮精华露	240片/件	78	
AB107	即时补水活肤露	48瓶/件	79	✓
AB108	润白晶莹粉底液	48瓶/件	125	
AB109	美白洁肤乳	48瓶/件	99	
AB110	美白柔肤水	48瓶/件	68	
AB111	保湿乳液	48支/件	59	
AB112	眼部修护素	48瓶/件	78	

图 4-29　最终效果

　　试一试：选择艺术字，在"绘图工具—格式"选项卡中尝试设置艺术字。

4.6.3　打印工作表

　　使用 Excel 将表格制作完成后，还可将其打印输出，以便浏览和保存数据。

　　1. 插入分页符

　　当表格内容较多，在一页纸上不能完整打印时，可插入分页符，使表格中指定的区域在另一张纸中打印，其具体操作如下。

　　（1）选择要另起一页打印的起始单元格，在"页面布局"→"页面设置"组中单击"分隔符"按钮 ，在打开的下拉菜单中选择"插入分页符"命令。

　　（2）此时所选单元格的上方和左侧将同时插入一条虚线，表示被虚线分成四部分区域将打印到不同页面中。

2.插入页眉和页脚

为了使打印出来的表格更加严谨,可为表格设置页眉和页脚。

(1)在"页面布局"→"页面设置"组中单击功能扩展按钮,打开"页面设置"对话框。

(2)单击"页眉/页脚"选项卡,在"页眉"下拉列表框中选择页面样式对应选项,如图 4-30 所示。

(3)单击"自定义页脚"按钮,打开"页脚"对话框,在文本框中定位光标插入点,然后单击文本框上方对应的按钮可设置自定义的页脚,如图 4-31 所示。

图 4-30　设置页眉

图 4-31　设置页脚

"页眉"或"页脚"对话框中按钮的含义具体如下。

(1)"字体"按钮:单击该按钮,将打开"字体"对话框,在其中可设置字体格式。

(2)"页码"按钮:单击该按钮,将插入页码。

(3)"总页数"按钮:单击该按钮,将插入当前表格的总页数。

(4)"日期"按钮:单击该按钮,将插入当前日期。

(5)"时间"按钮:单击该按钮,将插入当前时间。

(6)"图片"按钮:单击该按钮,将打开"插入图片"对话框,选择图片后单击"打开"按钮,可在页眉指定位置插入图片。

(7)"设置图片格式"按钮:插入图片后将激活该按钮,单击该按钮后,可在打开的对话框中设置图片格式。

3.打印设置

打印工作表前,还应对打印页眉进行设置,如页边距、纸张方向等。

(1)在"页面布局"→"页面设置"组中单击"页边距"按钮,在打开的下拉菜单中可直接选择系统预设的页边距,也可选择"自定义边距"命令,打开"页面设置"对话框的"页边距"选项卡,在其中进行自定义设置,如图 4-32 所示。

（2）在"页面布局"→"页面设置"组中单击"纸张方向"按钮，在打开的下拉菜单中可直接选择纸张的方向，也可打开"页面设置"对话框的"页面"选项卡，在"方向"栏中进行设置，如图 4-33 所示。

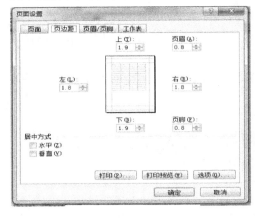

图 4-32　设置页边距

图 4-33　设置纸张方向

4.打印表格

在 Excel 中根据打印内容的不同，可分为打印整张工作表和打印部分数据两种方法，且在打印表格前，还应对表格的打印效果进行预览，以检查表格是否有误。

1）打印预览

选择"文件"→"打印"命令，在窗口最右侧即可查看文件的打印效果，在右下角单击"显示页边距"按钮，显示页边距，在打印预览区域拖动页边距可调整表格内容在纸张上的打印位置。

2）打印整张工作表

选择需打印的工作表，选择"文件"→"打印"命令，在中间的"打印机"下拉列表中选择打印机，然后单击"打印"按钮，即可打印整张工作表。

3）打印部分数据

当只需要打印表格中的部分数据时，可通过设置工作表的打印区域或打印标题进行打印，具体包括以下两种方法。

（1）选择需打印的单元格区域，在"页面布局"→"页面设置"组中单击"打印区域"按钮，在打开的下拉菜单中选择"设置打印区域"命令，此时选区四周将出现虚线框，表示该区域将被打印，然后选择"文件"→"打印"菜单命令，单击"打印"按钮即可。

（2）在"页面布局"→"页面设置"组中单击"打印标题"按钮，在打开的"页面设置"对话框的"工作表"选项卡中设置打印标题等内容，完成后单击"打印"按钮。然后选择"文件"→"打印"菜单命令，单击"打印"按钮即可。

【案例 7】打印"工资表.xlsx"工作簿。

（1）打开"工资表.xlsx"工作簿，在"页面布局"→"页面设置"组中单击"纸张方向"按钮，在打开的下拉菜单中选择"横向"选项。

（2）选择 A1:N15 单元格区域。

（3）在"页面设置"组中单击"打印区域"按钮，在打开的下拉菜单中选择"设置打印区域"命令，此时所选单元格区域四周将出现虚线框。

（4）在"页面设置"组中单击功能扩展按钮，在打开的对话框中单击"页眉/页脚"选项卡。

（5）在"页眉"下拉列表框中选择"工资表"选项，在"页脚"下拉列表框中选择如图 4-34 所示的选项，单击"确定"按钮。

图 4-34　设置页眉/页脚

（6）单击"打印预览"按钮，在中间的"打印机"列表框中选择打印机，在右侧预览打印效果后，单击"打印"按钮打印工作表即可。

4.7　数 据 计 算

Excel 作为一种功能强大的电子表格软件，具有十分强大的数据计算和处理能力，甚至具有简单的数据库管理功能。尤为可取的是，当原始数据发生变化时，所计算的结果会自动跟随变化，这些都是 Word 的表格处理所无法比拟的。

4.7.1　公式的使用

公式是在工作表中对数据进行分析与计算的等式。公式的组成一般有三部分：

等号、运算项、运算符。运算项包括常量、单元格或区域引用、标志、名称或工作表函数等。

1. 运算符

1) 算数运算符

算数运算符可以完成基本的数学运算,有＋、－、*、/、^和％等,运算的结果为数值。算数运算符的运算顺序同数学一样,即优先级依次为乘方运算、乘除运算、加减运算。

【案例 8】 在学生成绩统计表中,用公式计算每位学生的总分。增加"平均分"字段,计算每位同学的平均分。

(1) 选择赵萍同学总分对应的单元格,即 H4 单元格。

(2) 直接输入"＝D4＋E4＋F4＋G4",按 Enter 键。得到赵萍同学的总分。

(3) 选中 H4 单元格,将鼠标移到此单元格右下角,当鼠标变成填充柄时,拖拉填充,得到每位同学的总分。

(4) 增加"平均分"字段,选择赵萍同学平均分对应的单元格,即 I4 单元格。在此单元格中直接输入"＝(D4＋E4＋F4＋G4)/4";用填充柄填充每位同学的平均分。结果如图 4-35 所示。

	A	B	C	D	E	F	G	H	I
1					学生成绩统计表				
2								制表人:	
3	学号	姓名	性别	政治	数学	英语	语文	总分	平均分
4	02001	赵萍	女	90	66.5	80	70	306.5	76.625
5	02002	钱东虹	男	85	80	87	78.5	330.5	82.625
6	02003	孙秋晔	女	95	80.5	55	60	290.5	72.625
7	02004	李华	男	70	78	56	45	249	62.25
8	02005	周晓同	男	65	80	90	80	315	78.75
9	02006	吴莉莉	女	85	80	87	78.5	330.5	82.625
10									

(I4 单元格, f_x ＝(D4＋E4＋F4＋G4)/4)

图 4-35　输入公式

2) 文本连接运算符

只有一个"＆",用于将两段文本连接成一段文本。

【案例 9】 将 A1 和 A2 单元格的内容连成一段。

(1) 在 A1 单元格中输入 EXCEL,B1 单元格中输入 2003。

(2) 在 C1 单元格中输入公式"＝A1＆B1",按 Enter 键。则 C1 单元格中显示"EXCEL2003",如图 4-36 所示。

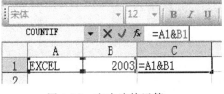

图 4-36　文本连接运算

3) 关系运算符

主要有＝、>、<、>＝、<＝、<>,运算结果为逻辑值 TRUE(真)或 FALSE(假)。

【**案例 10**】在某个单元格中输入公式"＝2＜1"，按 Enter 键，显示的结果将为逻辑值 FALSE。

表 4-1 为关系运算符的种类和功能。

表 4-1　关系运算符的种类和功能

关系运算符	功能	公式应用举例	运算结果
＝	等于	＝A2＝B3	A2 等于 B3 为 TREE，否则为 FALSE
＞	大于	＝A2＞B3	A2 大于 B3 为 TRUE，否则为 FALSE
＜	小于	＝A2＜B3	A2 小于 B3 为 TRUE，否则为 FALSE
＞＝	大于或等于	＝5＞＝3	TRUE
＜＝	小于或等于	＝5＜＝3	FALSE
＜＞	不等于	＝5＜＞3	TRUE

2.单元格地址的引用

单元格地址的引用在 Excel 中是非常重要的。当公式中包含单元格地址引用时，表示该公式与单元格发生了联系，即参与运算的数据由公式中被引用的单元格提供。单元格的地址相当于数学或程序设计语言中的变量名。

当所引用的单元格中的数据发生变化时，公式的计算结果也会随之发生变化。在公式中，单元格地址的引用方式有相对引用、绝对引用和混合引用 3 种。复制单元格公式时，使用不同的地址引用方式，复制公式的结果是不一样的。

1) 相对引用

相对引用指按照引用单元格和被引用单元格之间的相对位置关系来引用。被引用的单元格地址随着结果单元格移动而自动修改，但它们之间的位置关系保持不变。引用形式为 A4,E5,G6,C7 等。

【**案例 11**】单元格相对引用。

(1) 建"单元格引用"工作表，如图 4-37 所示。

	A	B	C	D	E
1	1	100	1000	10000	
2	2	200	2000	20000	
3	3	300	3000	30000	
4	4	400	4000	40000	
5	5	500	5000	50000	
6	6	600	6000	60000	
7					

图 4-37　新建工作表

(2) 在 E1 单元格中输入公式"＝B1＋C1"，将 E1 中的公式复制到 E2 中，则被粘贴的公式会变成"＝B2＋C2"。

2) 绝对引用

绝对引用是指在公式中引用的单元格是固定不变的，不考虑包含该公式的单元格位置。在单元格的列标和行号前加上"＄"符号,表示对单元格绝对引用。

【案例 12】单元格的绝对引用。

(1) 打开"单元格引用"工作表(如图 4-37 所示工作表)。

(2) 在 F1 单元格中输入公式"＝A1 ＊ ＄B＄1",将 F1 中的公式复制到 F2 中,由于 A1 是相对地址,而 ＄B＄1 采用了绝对地址,所以 F2 中的公式变为"＝A2 ＊ ＄B＄1"。

3) 混合引用

混合引用是指在公式中引用单元格地址时,单元格地址的行号和列标一个用相对引用,另一个用绝对引用的方式,实际就是相对引用和绝对引用的组合形式。如 ＄D9,D＄9 等。在混合引用方式中,相对引用部分随地址的变化而变化,而绝对引用部分不随地址的变化而变化。

【案例 13】单元格的混合引用。

(1) 打开"单元格引用"工作表(如图 4-37 所示工作表)。

(2) 在 G1 单元格输入公式为"＝A＄1＋＄B1",将公式从 G1 复制到 G2 单元格,则 G2 单元格中的公式为"＝A＄1＋＄B2"。

(3) 单击"工具"→"选项"命令,在打开的选项对话框中单击"视图"选项卡,选取 "公式"复选框,则表中的公式均被显示。

4.7.2　函数的使用

函数是 Excel 定义好的具有特定功能的内置公式。在公式中可以直接调用这些函数,在调用的时候,一般要提供给它一些数据即参数,函数执行之后一般给出一个结果,这个结果成为函数的返回值。

Excel 提供的函数类型有常用函数、财务函数、日期与时间函数、数学与三角函数、统计函数、查找与引用函数、数据库函数、文本函数、逻辑函数和信息函数等。

1. 函数的语法

(1) 单独的函数位于公式之首,以等号开头。嵌套的函数前面不加等号。

(2) 函数名称后是括号(),括号必须成对出现。

(3) 括号内是函数的参数,以逗号分隔多个参数。参数可以是数值、文本、逻辑值、数组、错误值或单元格引用。

2. 插入函数

(1) 单击要插入函数的单元格。

(2) 单击编辑栏的"插入函数"按钮(或"插入"菜单下的"函数"命令)。

(3) 在"插入函数"对话框中选择需要的函数,单击"确定"按钮。

(4) 在"函数参数"对话框设置参数值。

(5) 所有的参数设置完成后,单击"确定"按钮。

3.常用函数

（1）求和函数 SUM：对单元格或单元格区域的数值进行求和计算。

（2）平均值函数 AVERAGE：对单元格或单元格区域的数值求平均值。

（3）计数函数 COUNT：对单元格或单元格区域的数值进行计数计算。

（4）条件检测函数 IF：对单元格或单元格区域的数值进行逻辑判断并返回值。

（5）条件计数函数 COUNTIF：对单元格或单元格区域的数值进行逻辑判断，返回区域中满足给定条件的单元格个数。

（6）最大值 MAX：求单元格或单元格区域数值的最大值。

（7）最小值 MIN：求单元格或单元格区域数值的最小值。

【案例 14】在学生成绩统计表中，用函数求每个学生的总分和平均分；求出每门功课的最高分和最低分。

图 4-38　"插入函数"对话框

（1）在学生成绩表中增加两个字段"总分""平均分"。

（2）单击 J4 单元格，单击"公式"→"函数库"组中"插入函数"按钮，如图 4-38 所示。

（3）选"常用函数"类别→SUM，单击"确定"，打开"函数参数"对话框。

（4）单击拾取按钮，回到"学生成绩表"中，选取赵萍的四门课成绩，即 D4：G4 区域，单击按钮，返回"函数参数"对话框，如图 4-39 所示。单击"确定"，得到赵萍的总分。

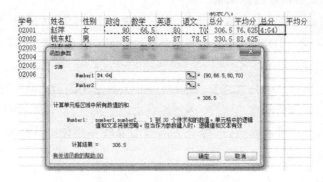

图 4-39　"函数参数"对话框

（5）以复制公式的方式求其余学生的平均成绩。单击 J4 单元格→指向右下角填充柄→按住左键托至 J9。

注：也可用自动求和来计算总成绩。单击 J3 单元格，单击自动求和按钮Σ，选取 D4：G4，按 Enter 键。

（6）单击 K4 单元格，单击"插入函数"按钮，选择常用函数"AVERAGE"，求出 D4:G4 区域均值。用填充柄填充其余学生成绩。

（7）在学号列 A10 输入"最高分"、A11 输入"最低分"。

（8）单击 D10（政治成绩对应的最高分），单击求和按钮右边的下拉箭头，单击"最大值"，选取所有政治成绩，按回车键。得到最高成绩。用填充柄填充其他功课最高成绩。同样做法，求出最低分，如图 4-40 所示。

	A	B	C	D	E	F	G	H	I	J	K
				学生成绩统计表							
								制表人：			
	学号	姓名	性别	政治	数学	英语	语文	总分	平均分	总分	平均分
	02001	赵萍	女	90	66.5	80	70	306.5	76.625	306.5	76.625
	02002	钱东虹	男	85	80	87	78.5	330.5	82.625	330.5	82.625
	02003	孙秋晔	女	95	80.5	55	60	290.5	72.625	290.5	72.625
	02004	李华	男	70	78	56	45	249	62.25	249	62.25
	02005	周晓同	男	65	80	90	80	315	78.75	315	78.75
	02006	吴莉莉	女	85	80	87	78.5	330.5	82.625	330.5	82.625
	最高分			95	80.5	90	80	330.5	82.625	330.5	86.375
	最低分			65	66.5	55	45	249	62.25	249	57.875

图 4-40　函数计算

【案例 15】在学生成绩统计表中录入学生的名次。

（1）学生成绩统计表中增加一个字段"名次"。

（2）选择 M4 单元格，单击编辑栏左侧的"插入函数"按钮，打开"函数参数"对话框。选择统计类别中的 RANK 函数，打开如图 4-41 所示的对话框。

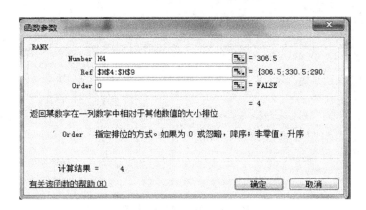

图 4-41　RANK 函数参数对话框

（3）Number 参数位置输入或选择 H4。

（4）在 Ref 参数位置输入或选择 H4:H9 单元格区域，按 F4 键（绝对引用）。单击"确定"按钮。

（5）在 Order 参数位置输入 0（如为 0 或忽略，则降序排列；如为非 0 值，升序排列）。

(6) 用填充柄填充该列其余单元格。

【案例16】函数的嵌套。在学生成绩统计表中,计算"结果"列。(平均成绩大于85 分者为"优";75 分以上者为"良";60 分以上者为"中";小于 60 分者为"差"。)

(1) 打开"学生成绩统计表",在 L3 单元格添加"结果"字段。

(2) 选择要输入函数的单元格 L4,单击"插入函数"按钮,打开"插入函数"对话框。在对话框的"选择类别"下拉列表中选择函数类型"逻辑",在"选择函数"列表框中选择"IF",单击"确定"。打开 IF 函数参数对话框,如图 4-42 所示。

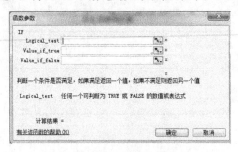

图 4-42　IF 函数参数对话框

(3) 单击"Logical_test"文本框,输入参数"I4>85";单击"Value_if_true"文本框,输入"优";单击"Value_if_false"文本框后,单击公式选项板右侧的下拉按钮,打开"函数"列表,选择"IF"函数,如图 4-43 所示。

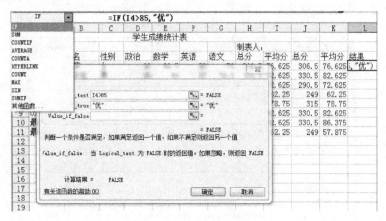

图 4-43　IF 函数参数设置

(4) 打开第二层嵌套函数的"参数"对话框。单击"Logical_test"文本框,输入参数"I4>75";单击"Value_if_true"文本框,输入"良";单击"Value_if_false"文本框后,单击公式选项板右侧的下拉按钮,打开"函数"列表,选择"IF"函数,如图 4-44 所示。

(5) 打开第三层嵌套函数的"参数"对话框。单击"Logical_test"文本框,输入参数"I4>60";单击"Value_if_true"文本框,输入"中";单击"Value_if_false"文本框,输入参数"差"。单击"确定",操作完成,如图 4-45 所示。

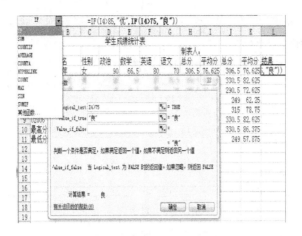

图 4-44　IF 函数参数设置 2

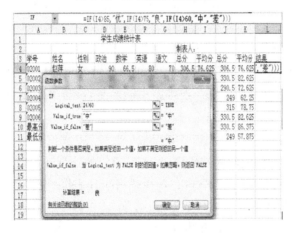

图 4-45　IF 函数参数设置 3

（6）用填充柄进行公式复制，得到其他考生的结果。

4.8　数据的管理与分析

4.8.1　数据排序

工作表中的数据输入完毕以后，表中数据的顺序是按输入数据的先后排列的。若要使数据按照某一特定顺序排列，就要对数据进行排序。排序可以通过"数据"菜单中的"排序"命令完成。

【案例 17】按学生总分排序。

（1）打开"学生成绩统计表"，选择参与排序的记录（无需选取"最高分"和"最低分"所在的行），执行"数据"→"排序和筛选"组。打开"排序"对话框。

（2）选择"主关键字"为"总分"，选定"降序"，选中"数据包含标题"复选框，单击"确定"按钮，如图 4-46 所示。

图 4-46　设置排序

（3）则学生成绩按"总分"的数值从大到小顺序排列。

（4）再对"学号"进行升序排序，恢复数据清单原来的顺序。

4.8.2　数据筛选

数据筛选是从众多的数据中按照给定的条件挑选出需要的数据。数据筛选的常用方法为：自动筛选和高级筛选。与排序不同的是，筛选并不是重排记录，而是暂时隐藏不符合条件的记录。

1. 自动筛选

自动筛选是一种快速的筛选方法，通过它可以快速地选出数据。

【案例18】使用自动筛选，筛选出"学生成绩统计表"中性别为"女"的记录。

（1）打开"学生成绩表"，选择数据清单，单击"数据"→"排序和筛选"组中"筛选"按钮。此时在各个字段名右下角增加一个下拉箭头。

（2）单击"性别"右侧的下拉箭头，从其列出的自动筛选项目中选定筛选条件"女"，如图 4-47 所示。

图 4-47　设置自动筛选条件

（3）筛选结果自动出现，并且选择过筛选条件的字段名右侧的下拉箭头颜色变为 ▼ 。

（4）单击"清除"按钮可取消筛选结果；再次选择"筛选"按钮可退出自动筛选状态。

【案例 19】使用自动筛选，筛选出"学生成绩表"中平均分在 75 分以上的男生记录。

（1）打开"学生成绩统计表"，选择数据清单单击"数据"→"排序和筛选"组中"筛选"按钮。此时在各个字段名右下角增加一个下拉箭头。单击"性别"右侧的下拉箭头，从其列出的自动筛选项目中选定筛选条件"男"。

（2）单击"平均分"右侧的下拉箭头，从其列出的自动筛选项目中选定筛选条件"数字筛选"。在列表框中选择"大于或等于"命令，如图 4-48 所示。

（3）在打开的对话框中设置筛选条件为平均分"大于或等于"75，如图 4-49 所示。

（4）单击"确定"按钮，则平均分在 75 分以上的男生记录显示出来，其他数据隐藏。

图 4-48　选择筛选命令

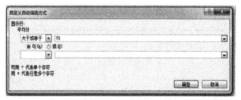
图 4-49　设置筛选条件

2. 高级筛选

对于复杂的筛选条件，可以使用"高级筛选"功能。使用"高级筛选"功能的关键是如何设置用户自定义的复杂组合条件，这些组合条件常常放在一个称为条件区域的单元格区域中。

条件区域创建步骤如下：

（1）在数据清单下面准备一个空白条件区域，一般条件区域与数据清单之间至少要空出一行或者一列。在此空白条件区域的第一行输入或复制字段名。

（2）在字段名下面的一行开始输入条件。如果是"与"的关系，条件就写在同一行中；如果是"或"的关系，条件就写在不同行中。

【案例 20】在"学生成绩统计表"中，筛选出四门课成绩均为 75 分以上的记录。

（1）打开"学生成绩统计表"，在数据清单以外的区域输入筛选条件，如图 4-50 所示。

政治	数学	英语	语文
>75	>75	>75	>75

图 4-50　高级筛选设置筛选条件(1)

　　选择数据清单,在"数据"→"排序和筛选"组中单击"高级筛选"按钮 🏷高级,打开"高级筛选"对话框。

　　(2) 在"方式"中选择"将筛选结果复制到其他位置"单选项。确定筛选列表区域,因为筛选时已经选择数据清单作为筛选区,因此在"列表区域"输入框中已经显示了列表区域。

　　(3) 单击"条件区域"右边的按钮🏷,将"高级筛选"对话框折叠,在数据清单中选择条件区域。单击条件区域右边的按钮🔲,返回"高级筛选"对话框。

　　(4) 单击"复制到"右边的按钮🏷,将"高级筛选"对话框折叠,在工作表中选择复制到的位置,选择的区域要大于或等于原有的数据清单。单击"复制到"右边的按钮🔲,返回"高级筛选"对话框。

　　(5) 单击"确定"按钮,得到筛选结果。

　　【案例 21】在"学生成绩统计表"中,筛选出至少有一门功课不及格的记录。

政治	数学	英语	语文
<60			
	<60		
		<60	
			<60

图 4-51　高级筛选设置筛选条件(2)

　　(1) 打开"学生成绩统计表",在数据清单以外的区域输入筛选条件,如图 4-51 所示。

　　(2) 选择数据清单,在"数据"→"排序和筛选"组中单击"高级筛选"按钮 🏷高级,打开"高级筛选"对话框。

　　(3) 在"方式"中选择"在原有区域显示筛选结果"单选项。确定筛选列表区域,因为筛选时已经选择数据清单作为筛选区,因此在"列表区域"输入框中已经显示了列表区域。

　　(4) 单击"条件区域"右边的按钮🏷,将"高级筛选"对话框折叠,在数据清单中选择条件区域。单击条件区域右边的按钮🔲,返回"高级筛选"对话框。

　　(5) 单击"确定"按钮,在原有数据清单的位置得到筛选结果。

4.8.3　分类汇总

　　分类汇总是对相同类别的数据进行统计汇总,也就是将同类别的数据放在一起,然后再进行求和、计算、求平均之类的汇总运算,以便对数据进行管理和分析。

　　在对数据清单中的某个字段进行分类汇总操作之前,首先要对该字段进行一次排序,以便使同种类型的记录进行归类,然后才能进行分类汇总。

　　1. 单项分类汇总

　　单项分类汇总是指对单个字段进行汇总。

（1）选择任一有数据的单元格，在"数据"→"排序和筛选"组中单击"升序"按钮。

（2）在"数据"→"分级显示"组中单击"分类汇总"按钮。

（3）打开"分类汇总"对话框，在"分类字段"下拉列表框中选择字段选项，在"汇总方式"下拉列表框中选择字段选项，在"汇总方法"下拉列表框中选择运算选项，在"选定汇总项"列表框中选中需要汇总字段的复选框。

提示：在进行分类汇总时，如果选择没有数据的单元格，系统将打开提示框，提示无法完成该命令。

2. 多级分类汇总

多级分类汇总指对多个字段进行分级汇总。

（1）完成单项分类汇总后，在"数据"→"分级显示"组中单击"分类汇总"按钮。

（2）打开"分类汇总"对话框，在"分类字段"下拉列表框中选择另一个字段选项，在"汇总方式"下拉列表框中选中需要汇总字段的复选框，取消选中"替换当前分类汇总"复选框。

提示：多级分类汇总后，工作表左侧会显示分类级别符号，单击该符号可看到不同级别的汇总结果。如果要取消分类汇总，在打开的"分类汇总"对话框中单击"全部删除"按钮即可。

【**案例 22**】分类汇总"销售收入表.xlsx"工作簿。

（1）打开"销售收入表.xlsx"工作簿，选中 B3 单元格，单击"数据"→"排序和筛选"组中排序按钮。

（2）打开"排序"对话框，在"主要关键字"下拉列表框中选择"销售部门"选项，在"次序"下拉列表框中选择"升序"选项。单击"添加条件"按钮，在"次要关键字"下拉列表框中选择"产品名称"选项，在"次序"下拉列表框中选择"升序"选项。

（3）单击"确定"按钮。排序的结果如图 4-52 所示。

序号	产品名称	销售部门	成交单价	销售数量	销售额	折扣率	折扣	实际销售收入
2	冰箱	销售A部	¥2,200.00	240	¥528,000.00	0.80%	¥4,224.00	¥523,776.00
4	冰箱	销售A部	¥1,600.00	156	¥249,600.00	0.80%	¥1,996.80	¥247,603.20
6	冰箱	销售A部	¥2,200.00	200	¥440,000.00	1.00%	¥4,400.00	¥435,600.00
10	彩电	销售A部	¥2,080.00	150	¥312,000.00	0.80%	¥2,496.00	¥308,504.00
9	空调	销售A部	¥1,560.00	150	¥234,000.00	1.00%	¥2,340.00	¥231,660.00
1	冰箱	销售B部	¥2,200.00	320	¥704,000.00	1.00%	¥7,040.00	¥696,960.00
7	彩电	销售B部	¥3,070.00	154	¥472,780.00	0.80%	¥3,782.24	¥466,997.76
3	彩电	销售C部	¥2,180.00	168	¥366,240.00	1.00%	¥3,662.40	¥362,577.60
5	空调	销售C部	¥2,680.00	160	¥428,800.00	1.00%	¥4,288.00	¥424,512.00
8	空调	销售C部	¥1,560.00	143	¥223,080.00	0.70%	¥1,561.56	¥221,518.44

图 4-52　显示排序结果

（4）任选一有数据的单元格，在"数据"→"分级显示"组中单击"分类汇总"按钮。

（5）打开"分类汇总"对话框，在"分类字段"下拉列表框中选择"销售部门"选项，在"汇总方式"下拉列表框中选择"求和"选项，在"选定汇总项"列表框中选中"销售数量""销售额""折扣""实际销售收入"复选框，取消选中"替换当前分类汇总"复选框，如图 4-53 所示。

（6）单击"确定"按钮，一级分类汇总结果如图 4-54 所示。

图 4-53　选择分类选项(1)

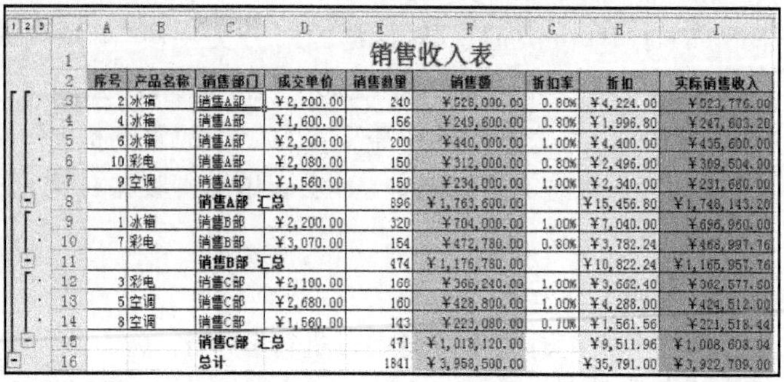

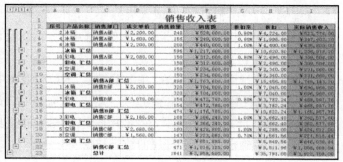

图 4-54　一级分类汇总结果

　　(7) 再次打开"分类汇总"对话框,在"分类字段"下拉列表框中选择"产品名称"选项,其他分类选项与步骤(5)相同,如图 4-55 所示。单击"确定"按钮,二级分类汇总结果如图 4-56 所示。

图 4-55　选择分类选项(2)

图 4-56　二级分类汇总结果

4.9　创建并编辑图表

　　Excel 2010 自带了多种图表,它的作用是直观地显示数值大小、变化趋势、所占比例、多个数据比较、数据差异等,便于对数据进行分析,提高数据的可读性和观赏性。

4.9.1　创建图表

　　根据分析数据的具体需要,选择合适的图表类型创建所需的图表。图表主要由图表标题、坐标轴(分类轴和数值轴)、数据系列、网格线和图例等部分组成。

（1）选择需创建图表的单元格区域，单击"插入"→"图表"组右下角的扩展按钮　。

（2）打开"插入图表"对话框，单击左侧的图表类型选项卡，在右侧的列表框中选择图表类型，单击"确定"按钮即可插入图表。

提示：在"图表工具—布局"选项卡的"坐标轴"组中，单击"网格线"按钮，在打开的下拉菜单中选择"主要横网格线"或"主要纵网格线"选项，在打开的子菜单中选择"无"选项，即可设置不显示网格线。

4.9.2　更改图表类型

插入图表后，如果效果不能达到优化数据分析的目的，可更改图表类型以满足需求。

（1）在已有图表的绘图区单击鼠标右键，在弹出的快捷菜单中选择"更改图表类型"命令。

（2）打开"更改图表类型"对话框，单击左侧的"图表类型"选项卡，在右侧的列表框中选择图表类型，单击"确定"按钮，即可更改图表。

提示：在"图表工具—设计"选项卡的"类型"组中单击"更改图表类型"按钮，也可打开"更改图表类型"对话框。

4.9.3　添加或删除图表数据系列

根据分析数据的需要，可对图表数据系列进行添加或删除。

（1）选择图表，在"图表工具—设计"选项卡的"数据"组中单击"选择数据"按钮。

（2）打开"选择数据源"对话框，在"图例项（系列）"列表框中单击"添加"按钮，打开"编辑数据系列"对话框。

（3）单击"系列名称"和"系列值"文本框的"收缩"按钮，选择添加数据系列的名称和值所在的单元格或单元格区域，依次单击"确定"按钮关闭对话框，完成添加数据操作。

提示：在"选择数据源"对话框中的"图例项（系列）"列表框中可选择要删除的图例项，单击"删除"按钮，即可将其从图表中删除。

4.9.4　插入迷你图

迷你图是 Excel 2010 新增的微型图表。它以单元格为绘图区域对数据进行直观分析，有折线图、柱形图和盈亏图 3 种类型。创建迷你图的具体操作如下。

（1）选择需创建迷你图的单元格，在"插入"→"迷你图"组中单击"柱形迷你图"按钮。

（2）打开"创建迷你图"对话框，在"数据范围"文本框中输入数据范围，单击"确定"按钮即可完成插入操作。

提示：选择迷你图所在单元格，在"迷你图工具—设计"选项卡的"分组"组中单击

"清除"按钮右侧的下拉按钮,在弹出的下拉列表中选择"清除所选的迷你图"选项,即可删除迷你图。

【案例 23】为"差旅费用表.xlsx"工作簿创建图表。

(1)打开"差旅费用表.xlsx"工作簿,选择需要创建图表的 A2:C8 单元格区域,单击"插入"→"图表"右下角的扩展按钮 。

(2)打开"插入图表"对话框,单击左侧的"柱形图"选项卡,在右侧的"柱形图"列表框中选择"簇状柱形图"选项,单击"确定"按钮,如图 4-57 所示。

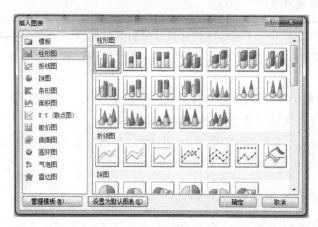

图 4-57　选择图表类型

(3)创建柱形图后,选择它并在"图表工具—布局"选项卡的"标签"组中单击"图表标题"按钮,在弹出的下拉菜单中选择"图表上方"选项,在出现的文本框中输入"差旅费用分析",如图 4-58 所示。

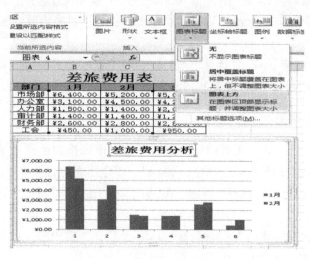

图 4-58　输入图表标题

（4）选择图表，在"图表工具—设计"选项卡的"数据"组中单击"选择数据"按钮。

（5）打开"选择数据源"对话框，在"图例项（系列）"列表框中单击"添加"按钮。打开"编辑数据系列"对话框，单击"系列名称"和"系列值"文本框的"收缩"按钮，分别选择 D2 单元格和 D3:D8 单元格区域，如图 4-59 所示。

（6）依次单击"确定"按钮关闭对话框，完成添加数据的操作，效果如图 4-60 所示。

图 4-59　选择数据源

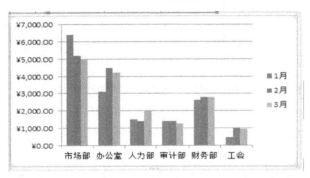

图 4-60　添加数据系列

（7）选择 E3 单元格，在"插入"→"迷你图"组中单击"折线图"按钮。

（8）打开"创建迷你图"对话框，在"数据范围"文本框中输入 B3:D3 单元格区域，单击"确定"按钮。

（9）用填充方式复制迷你图到 E4～E8 单元格，迷你图效果如图 4-61 所示。

试一试：选择图表后，在"图表工具—设计"选项卡的"数据"组中单击"切换行/列"按钮，切换行与列的位置。

图 4-61　完成迷你图的创建

4.10　创建并编辑数据透视表、数据透视图

数据透视表、数据透视图可以系统地管理重要数据，为管理决策提供数据支撑。

4.10.1 创建数据透视表

借助数据透视表,可以深入分析数据。创建它的具体操作如下。

(1)选择要创建数据透视表的单元格区域,单击"插入"→"表格"组中的"数据透视表"按钮 。

(2)打开"创建数据透视表"对话框,"表/区域"文本框默认显示所选的单元格区域,在"选择放置数据透视表的位置"栏中选中"现有工作表"单选项,在"位置"文本框中选择表格外的单元格,单击"确定"按钮,如图 4-62 所示。

图 4-62 选择数据源和存放位置

提示:在"创建数据透视表"对话框中选中"使用外部数据源"单选项,然后单击"选择连接"按钮,可选择外部数据源创建数据透视表。

(3)系统自动创建一个空白的数据透视表,同时打开"数据透视表字段列表"窗格,在"选择要添加到报表的字段"列表框中选中所需字段的复选框,该字段自动添加到"行标签"或"列标签"列表框,如图 4-63 所示。

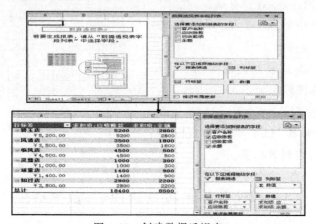

图 4-63 创建数据透视表

提示:在"数据透视表字段列表"窗格的"选择要添加到报表字段"列表框中选中目标字段,按住鼠标左键不放,拖动鼠标指针可将其添加到"行标签"列表框。

4.10.2　编辑数据透视表

数据透视表创建后可以进行编辑,如更改汇总方式、按特定值筛选等。

1. 更改汇总方式

(1) 在数据透视表中选择某字段下的任一单元格,单击鼠标右键,在弹出的快捷菜单中选择"值字段设置"命令,打开"值字段设置"对话框。

(2) 单击"值汇总方式"选项卡,在"选择用于汇总所选字段数据的计算类型"列表框中选择所需汇总方式,单击"确定"按钮即可更改汇总方式。

提示:在"数据透视表字段列表"窗格的"数值"列表框中单击字段,在打开的下拉菜单中也可选择"值字段设置"命令。

2. 按特定值筛选

筛选特定值的具体操作如下。

(1) 单击行标签所在单元格右下角的下拉按钮 ,在打开的下拉菜单中选择"值筛选",在打开的子菜单中选择筛选命令。

(2) 打开"值筛选"对话框,在其中设置筛选条件,单击"确定"按钮完成筛选。

4.10.3　创建并编辑数据透视图

创建了数据透视表后,可在其基础上创建数据透视图。

1. 创建数据透视图

创建数据透视图的具体操作如下。

(1) 选择要创建的数据透视图的单元格区域,单击"插入"→"表格"组中的 按钮,在打开的下拉菜单中选择"数据透视图"命令。

(2) 打开"创建数据透视表及数据透视图"对话框,选择数据源和数据透视图的存放位置。单击"确定"按钮即可创建数据透视图。

(3) 系统自动创建一个空白的数据透视图,同时打开"数据透视表字段列表"窗格,在"选择要添加到报表的字段"列表框中选中所需字段的复选框,该字段自动添加到"轴字段"或"图例字段"列表框。

2. 编辑数据透视图

(1) 选择数据透视图,在"数据透视图工具—设计"选项卡的"类型"组中,单击"更改图表类型"按钮。

(2) 打开"更改图表类型"对话框,单击左侧的图表类型选项卡,在右侧的列表框中选择图表类型,单击"确定"按钮即可更改图表。

提示:若数据透视图是基于现有数据透视表创建的,则该数据透视表称为关联数据透视表。数据透视图和与其关联的数据透视表具有彼此相对应的字段,如果数据透视表中的布局和数据发生了变化,则与它对应的数据透视图的布局和数据相应变化。

【案例 24】为"应收账款表.xlsx"工作簿创建数据透视表和数据透视图。

(1)打开"应收账款表.xlsx"工作簿,选择 A2:D8 单元格区域,单击"插入"→"表格"组中的"创建数据透视表"按钮 下的下拉按钮 ,在打开的下拉菜单中选择"数据透视图命令"。

(2)打开"创建数据透视表及数据透视图"对话框,"表/区域"文本框默认绝对引用 A2:D8 单元格区域,在"选择放置数据透视表的位置"栏中选中"现有工作表"单选项,在"位置"文本框中选择 A10 单元格,单击"确定"按钮,如图 4-64 所示。

(3)打开"数据透视表字段列表"窗格,在"选择要添加到报表的字段"列表框中选中如图 4-65 所示的 4 个复选框。将图表更改为饼图。

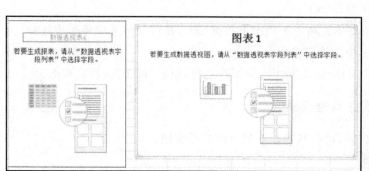

图 4-64　创建空白数据透视表　　　　　　　　　图 4-65　选中复选框

(4)利用鼠标拖动的方法分别将它们添加到"行标签"列表框,如图 4-66 所示。

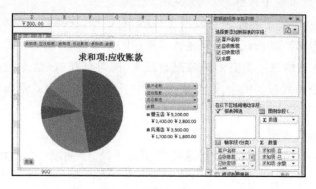

图 4-66　添加"行标签"

(5)在数据透视表行标签所在的单元格单击右下角的下拉按钮 ,在打开的下拉菜单中选择"值筛选"选项,在打开的子菜单中选择"大于"选项。打开"值筛选"对话框,第一个下拉列表框中自动选择"求和项:应收账款"选项,在"大于"下拉列表框后的文本框中输入"4000",单击"确定"按钮完成筛选,如图 4-67 所示。

图 4-67 标签筛选

试一试:在数据透视表中选择行标签所在单元格,在"数据"→"排序和筛选"组中单击"排序"按钮,在打开的"排序"对话框中设置排序条件。

第5章 中文电子演示文稿软件 PowerPoint 2010 的使用

PowerPoint 2010 是一款专门制作演示文稿的软件,使用它可以制作出形象生动、图文并茂的幻灯片。本章主要讲述 PowerPoint 2010 的基本操作和制作、设计与美化幻灯片、设置幻灯片动画效果,以及如何放映幻灯片。

5.1 认识 PowerPoint 2010

PowerPoint 2010 是 Office 2010 的一个组件,它的启动、保存和退出操作与 Word 相同。

5.1.1 认识 PowerPoint 2010 的工作窗口

单击"开始"按钮,打开"开始"菜单,选择"所有程序"→"Microsoft Office"→"Microsoft PowerPoint 2010"命令,即可启动 PowerPoint 2010。

启动 PowerPoint 2010 后,程序将自动创建一个名为"演示文稿1"的空白演示文稿,并打开其工作窗口。该工作窗口工作界面如图 5-1 所示。

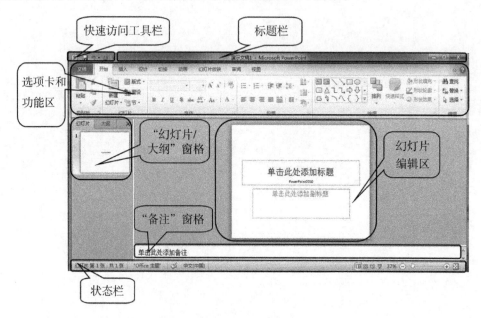

图 5-1 PowerPoint 2010 工作界面

1. 快速访问工具栏

快速访问工具栏位于 PowerPoint 2010 操作界面的左上角, 默认包括"保存"按

钮 、"撤销"按钮 ↺ 和"恢复"按钮 ↻ 3 个。单击
快速访问工具栏右侧的按钮 ▾, 在打开的菜单中
可以选择工具对应的命令, 将该工具添加到快速
访问工具栏中, 如图 5-2 所示。

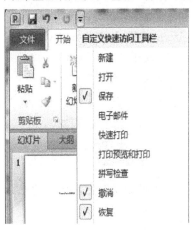

2. 标题栏

标题栏位于 PowerPoint 操作界面的最上方,
显示当前文件名(如"演示文稿 1")和应用程序名
称("Microsoft PowerPoint")。标题栏右侧包括
"最小化"按钮、"还原/最大化"按钮和"关闭"按
钮。单击这些控制按钮, 可以对窗口进行最小
化、还原/最大化和关闭操作。

图 5-2　添加快速访问工具按钮

3. 选项卡和功能区

选项卡和功能区是对应关系, 单击某个选项卡即可打开相应的功能区。在功能
区中根据各种编辑命令和按钮的功能进行分组。每个组包含多个按钮和选项。有的
组右下角还有功能扩展按钮 ⬚, 单击它将打开与该组对应的对话框。

4. "幻灯片/大纲"窗格

用于显示演示文稿的幻灯片数量及位置, 通过它可更加方便地掌握演示文稿的
结构。其中包括"幻灯片"和"大纲"两个选项卡, 单击不同的选项卡可在不同的窗格
间切换, 默认打开"幻灯片"窗格。在"幻灯片"窗格中将显示演示文稿中幻灯片的编
号和缩略图; 在"大纲"窗格下列出了当前演示文稿中各张幻灯片的文本内容。

5. 幻灯片编辑区

幻灯片编辑区是演示文稿的核心部分, 它可将幻灯片的整体效果形象地呈现出
来。在其中可对幻灯片进行文本编辑, 插入图片、声音、视频和图表等操作。

6. "备注"窗格

位于 PowerPoint 2010 工作窗口的底部, 在其中可对幻灯片进行附加说明。

7. 状态栏

位于窗口底端, 主要用于显示当前演示文稿的编辑状态和显示模式。拖动幻灯
片显示比例栏中的滑块 ▯ 或单击 ⊖ 和 ⊕ 按钮, 可调整当前幻灯片的显示大小。单
击右侧的 ▦ 按钮, 可按当前窗口大小自动调整幻灯片的显示比例, 使其在当前窗口
中可以看到幻灯片的整体效果, 且显示比例为最大。

5.1.2　切换 PowerPoint 2010 视图模式

PowerPoint 2010 提供了 5 种视图模式: 普通视图、幻灯片浏览视图、幻灯片放映

视图、阅读视图和备注页视图。在状态栏中单击 ⊞器□早 按钮或在"视图"→"演示文稿视图"组中单击相应的按钮,即可进行切换。

1. 普通视图

此视图模式下可以对幻灯片整体结构和单个幻灯片进行编辑,这种视图模式也是 PowerPoint 2010 默认的视图模式。

2. 幻灯片浏览视图

在该视图模式下不能对幻灯片进行编辑,但可以同时浏览多张幻灯片中的内容。

3. 幻灯片放映视图

单击幻灯片放映视图按钮,幻灯片可按设定的效果放映。

4. 阅读视图

在阅读视图中可以查看演示文稿的放映效果,它会以全屏动态方式显示每张幻灯片的效果。

5. 备注页视图

备注页视图是将"备注"窗格以整页格式进行查看和使用备注,制作者可以方便地在其中编辑备注内容。

5.1.3 保存演示文稿

1. 保存未命名的演示文稿

选择"文件"→"保存"/"另存为"命令,弹出一个对话框,在"文件名"文本框中输入文件名,在"保存位置"处选择文件夹。

2. 保存已命名演示文稿

选择"文件"→"保存"命令或单击快速访问工具栏中的保存按钮,就可以"保存"当前演示文稿,并且可以继续进行编辑工作。

5.2 创建演示文稿

在 PowerPoint 2010 中,可以创建空白演示文稿,或者根据模板或主题来创建演示文稿。可单击"文件"选项卡标签,在打开的界面中单击"新建"按钮,然后单击要创建的演示文稿类型。如果是根据"主题"或模板创建演示文稿,还需要在打开的界面中选择具体的主题或模板,然后单击"创建"或"下载"按钮。

5.2.1 建立空演示文稿

空演示文稿的含义是幻灯片的背景是空白的,没有任何图案和颜色。

【案例1】创建空演示文稿"项目策划"。

(1)启动 PowerPoint 2010。

（2）选择"文件"→"新建"命令，在窗口中选择"空白演示文稿"，单击窗口右侧"创建"按钮。

注意：在默认状态下，快速启动工具栏中没有"新建"按钮 。单击快速启动工具栏右侧的 按钮，在弹出的下拉列表中选择"新建"选项即可添加。

（3）在标题幻灯片中单击标题占位符，在其中输入"项目策划"文本，在副标题占位符中输入"公司网址：www.XXX.com"。

（4）在"开始"→"幻灯片"组中单击"新建幻灯片"按钮 ，在弹出的下拉列表框中选择"标题和内容"版式，如图 5-3 所示。

图 5-3　选择幻灯片版式

注：在 PowerPoint 2010 中还可以修改创建幻灯片的版式。单击"开始"→"幻灯片"组中的版式按钮 ，在弹出的下拉列表中选择一种版式，即可为选择的幻灯片重新设置版式。

（5）在新插入的幻灯片的标题占位符中输入"市场分析"。用同样的方法再建立一张幻灯片，在标题幻灯片中输入"策划内容"。

技巧：在"幻灯片"窗格中选择某张幻灯片后，按 Enter 键可在该幻灯片下方插入一张默认版式的幻灯片。在"幻灯片"窗格中选择某张幻灯片后，按 Enter＋M 组合键，可以在该幻灯片下方插入一张默认版式的幻灯片。

（6）保存文件，文件名为"项目策划"。

5.2.2　使用幻灯片主题

PowerPoint 2010 提供了丰富的幻灯片主题，直接选用相应的主题即可快速将其应用到当前演示文稿。若所选主题的字体、颜色不能满足实际的制作需求，用户还可自定义主题的字体和颜色。对于应用了主题的幻灯片，还可以更改其颜色、字体和效果。

【案例 2】接上例，对演示文稿"项目策划"使用主题"奥斯汀"。

（1）选择第一张幻灯片，单击"设计"→"主题"组中的下拉列表框 按钮，弹出"所有主题"窗口，选择"奥斯汀"选项，如图 5-4 所示。

图 5-4　应用主题

（2）对于应用了主题的幻灯片，还可以更改其颜色、字体和效果。在"设计"→"主题"组中单击"颜色"按钮，在弹出的下拉列表中选择配色"行云流水"。

（3）在"设计"→"主题"组中单击"文字"按钮，在弹出的下拉列表中选择"暗香扑面"选项。

（4）在"设计"→"主题"组中单击"效果"按钮，在弹出的下拉列表中选择"活力"效果选项。

（5）保存。

5.2.3　使用"模板"制作演示文稿

PowerPoint 2010 中预安装了一些模板，我们也可以从 Office.com 网站上下载更多模板。

【**案例 3**】从 Office.com 网站上搜索模板。

（1）单击"文件"选项卡，然后单击"新建"命令。

（2）在右边窗口，从"Office.com 模板"单击所需的类别（预算、日历和设计幻灯片等）。此时，窗口将显示模板列表，如图 5-5 所示。可能还会显示更多子类别，具体取决于选择的类别。单击适当的子类别。

图 5-5　从"Office.com 模板"选择所需类别

（3）单击模板，将在右侧显示预览结果，如图 5-6 所示。

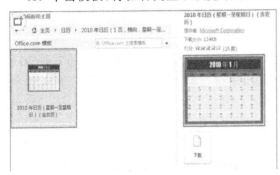

图 5-6　选择模板　　　　　　　　　　　　　　　　图 5-7　顶部按钮

提示： 如何返回上一屏幕，然后重新搜索？

可以使用位于屏幕顶部的按钮（图 5-7），返回上一个屏幕或第一个屏幕，然后重新搜索模板。

单击 ←（后退），返回上一屏幕。

单击 →（前进），进入下一屏幕。

单击 🏠 主页 返回第一个类别选择屏幕。

（4）本例中，我们将从演示文稿类别选择业务模板。单击"下载"按钮（图 5-8），打开一个应用了该模板的新文档，如图 5-9 所示。

图 5-8　在选好的模板下单击"下载"按钮　　　　图 5-9　应用模板的新文档

注： 已下载的模板保存在计算机上。要再次使用同一模板，可从"我的模板"中打开它，如图 5-10 所示。

提示： 如何使用安装的模板？可以从"样本模板"打开预安装的模板，如图 5-11 所示。

图 5-10　我的模板　　　　　　　　　　　　　　　图 5-11　样本模板

5.3　管理幻灯片

演示文稿是由若干张幻灯片组成的。演示文稿建好以后，经常遇到要对幻灯片的位置进行改动。在这一节中将介绍如何插入一张或多张幻灯片，怎样复制、移动幻灯片，怎样删除幻灯片和设置幻灯片母版。

5.3.1　插入幻灯片

若要在已经建好的幻灯片之间插入新的幻灯片，则需要先选定幻灯片，然后才能在指定位置插入幻灯片。其具体操作如下：

在"幻灯片"窗格中单击需选择的幻灯片。

在其上单击鼠标右键，在弹出的快捷菜单中选择"新建幻灯片"命令，即可在选择的幻灯片之后插入一张幻灯片。

5.3.2　复制、移动幻灯片

1. 复制幻灯片

复制幻灯片的具体操作如下：

（1）选择需要复制的幻灯片，在其上单击鼠标右键，在弹出的快捷菜单中选择"复制"命令。

（2）将鼠标指针定位到幻灯片最后。单击鼠标右键，在弹出的快捷菜单中选择"粘贴选项"下的"保留源格式"命令 📝 。

技巧：单击鼠标右键后，在弹出的快捷菜单中选择"复制幻灯片"命令，可在当前选择幻灯片的下面插入一张相同的幻灯片。

2. 移动幻灯片

移动幻灯片的具体操作如下：

（1）选择需要移动的幻灯片。

（2）按住鼠标左键不放，将其拖动到需要移动到的幻灯片上方，此时将有一条黑线随之移动，当到达合适位置后释放鼠标即可。

5.3.3　删除幻灯片

对不需要的幻灯片，可将其删除。删除幻灯片有以下两种方法。

（1）选择需要删除的幻灯片，按"Delete"键。

（2）在普通视图、幻灯片浏览视图和"幻灯片/大纲"区域中选择需要删除的幻灯片，在其上单击鼠标右键，在弹出的快捷菜单中选择"删除幻灯片"命令。

【案例 4】编辑"个人总结.pptx"演示文稿。

（1）启动 PowerPoint 2010，选择"文件"→"打开"命令，在打开的对话框中选择"个人总结.pptx"演示文稿。

（2）选择第 2 张幻灯片，在"开始"→"幻灯片"组中单击"新建"按钮，系统将在第 2 张幻灯片后自动新建并插入一张默认版式的幻灯片。

（3）选择第 2 张幻灯片，按住鼠标左键不放，将其拖动到第 3 张幻灯片之后，到达适当位置时释放鼠标，即可移动幻灯片，幻灯片编号也将随之改变。

（4）选择第 3 张幻灯片，单击鼠标右键，在弹出的快捷菜单中选择"复制"命令。

（5）将鼠标指针定位到幻灯片最后，单击鼠标右键，在弹出的快捷菜单中选择"粘贴选项"下的"保留源格式"命令。

（6）选择第 2 张幻灯片，单击鼠标右键，在弹出的快捷菜单中选择"删除幻灯片"命令。

（7）选择"文件"→"保存"命令，在打开的对话框中设置文件保存位置和名称，单击"确定"按钮。

5.3.4　设置幻灯片母版

母版是 PowerPoint 中一类特殊的幻灯片。母版控制了某些文本特征，如字体、字号和颜色等，还控制了背景色和一些特殊效果。

母版分为幻灯片母版、讲义母版和备注母版等几种。如果要在每张幻灯片的同一位置插入一副图形，不必在每张幻灯片上一一插入，只需在幻灯片母版上插入即可。

对讲义和备注母版的设置则分别影响讲义和备注的外观形式。讲义指在打印时，一页纸上安排多张幻灯片。讲义母版和备注母版可以设置页眉、页脚等内容，可以在幻灯片之外的空白区域添加文字或图形，使打印出的讲义或备注，每页的形式都相同。讲义母版和备注母版所设置的内容，只能通过打印讲义或备注显示出来，不影响幻灯片中的内容，所以也不会在放映幻灯片时显示出来。

【案例 5】制作幻灯片母版。

（1）启动 PowerPoint 2010，程序自动新建一个空白演示文稿。在"视图"→"母版视图"组中单击 幻灯片母版 按钮。

（2）切换到母版视图，第 1 张缩略图为内容幻灯片母版，第 2 张缩略图为标题幻灯片母版，其他缩略图依次为不同版式的幻灯片母版，如图 5-12 所示。

（3）选择幻灯片母版视图中的标题

图 5-12　进入幻灯片母版视图

幻灯片,在"编辑主题"组中单击相应的按钮可对幻灯片的主题进行设置,如图 5-13 所示。

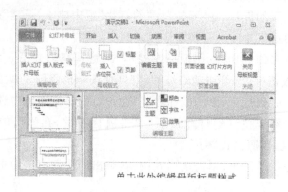

图 5-13　设置标题幻灯片母版主题

(4) 在母版视图中选择第 1 张幻灯片,然后在相应的组中设置幻灯片母版,其方法与设置一般幻灯片相同。

提示:在母版视图的幻灯片中设置标题文本与正文文本格式,返回到普通视图后将变为占位符。在母版视图中,不仅可以对这些文本的字体格式进行设置,还可以对其文本框的大小、底纹和位置等属性进行设置。

【案例 6】编辑"礼仪培训"演示文稿。

(1) 启动 PowerPoint 2010,程序自动新建一个空白演示文稿。在"视图"→"母版视图"组中单击 讲义母版 按钮,进入讲义母版视图。

(2) 在"页面设置"组中选择"每页幻灯片数量",设置每页显示 4 张幻灯片,如图 5-14所示。

(3) 在"背景"组中选择"背景样式",在下拉选框中选择"设置背景格式"按钮,如图 5-15 所示。

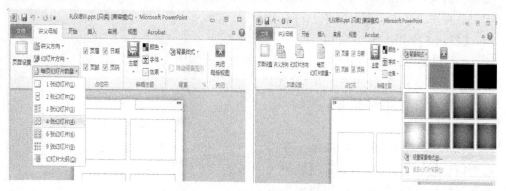

图 5-14　设置每页显示 4 张幻灯片　　　　图 5-15　设置背景格式

(4) 弹出"设置背景格式"对话框。在对话框中选择"填充"选项,如图 5-16 所

示。选择"图片或纹理填充"选项,在下拉选框中
选择"鱼类化石"纹理项。

（5）在"视图"→"母版视图"组中单击"备注母版
版"按钮,进入备注母版视图。

（6）选择备注页的第一级文本,将其字体格式
设置为"宋体"。

（7）单击"备注母版视图"工具栏上的"关闭母
版视图"按钮,返回到普通视图。

（8）选择第 3 张幻灯片,单击"视图"→"演示

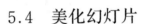

图 5-16　设置背景填充图案

文稿视图"组中"备注页"按钮,进入备注页视图。单击"备注页占位符",输入备注内
容"礼仪培训对于刚进入职场的年轻人是非常有必要的"。

（9）保存演示文稿。

5.4　美化幻灯片

为了使幻灯片的内容更加丰富,可在其中插入各式各样的对象,对其进行美化。
其中插入图片、表格、剪贴画的方法与在 Word 文档中插入这些对象的方法相同,因
此,这里只介绍如何插入图表、视频和音频等对象。

5.4.1　插入图表

在幻灯片中插入图表可以使其中的数据变得更加形象和直观,具体操作如下：

（1）选择需要插入图表的幻灯片,在"插入"→"插图"组中单击"图表"按钮,打开
"插入图表"对话框,在其中选择需要的图表样式,单击"确定"按钮,如图 5-17 所示。

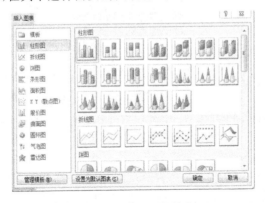

图 5-17　选择图表样式

提示:不同图表类型适合表现不同的数据,如"饼图"常用于显示一个数据系列中
各项数据的大小与各项总和的比例。

（2）此时选择的图表将被插入到幻灯片中，同时打开对应的 Excel 数据编辑窗口，如图 5-18 所示。

（3）在其中输入数据，幻灯片中的图表将发生相应的变化。

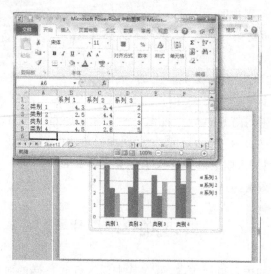

图 5-18　插入图表

5.4.2　插入音频

在幻灯片中还可以插入音频，其具体操作如下：

（1）在"插入"→"媒体"组中单击"音频"下拉按钮，在弹出的下拉列表中选择"文件中的音频"选项，打开"插入音频"对话框。在其中找到需要插入到幻灯片中的音频，单击"插入"按钮即可以插入音频。

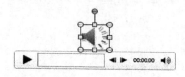

图 5-19　插入音频

（2）插入的音频以图标显示在幻灯片中，单击该图标上的控制点可调整音频图标大小，如图 5-19 所示。

提示：单击"音频"下拉按钮，在弹出的下拉列表中选择"剪贴画音频"选项，可插入软件自带的剪贴画中的音频；选择"录制音频"选项，可在打开的对话框中录制需要的声音并插入到幻灯片中。

5.4.3　插入视频

在幻灯片中插入视频和插入音频的方法相似，大家可以自行练习。

提示：在"插入"→"媒体"组中单击"视频"下拉按钮，在弹出的下拉列表中选择"文件中的视频"选项，打开"插入视频"对话框，在其中可设置插入外部视频文件。

【案例 7】制作"新品推广. pptx"演示文稿。（相关素材在素材文件中提供）。

（1）新建"新品推广. pptx"演示文稿，在"设计"→"背景"组中单击"背景样式"按钮。

（2）在弹出的列表中选择"设置背景格式"命令，打开"设置背景格式"对话框，在其中选择"图片或纹理填充"单选项。

（3）单击"文件"按钮，打开"插入图片"对话框，在其中选择提供的"背景"素材图片，单击"插入"按钮。

（4）返回"设置背景格式"对话框，单击"关闭"按钮。

（5）在标题占位符中输入文本"产品推广"，副标题文本占位符中输入文本"——绿色环保灯饰系列"。

（6）在"插入"→"图像"组中单击"图片"按钮，在打开的对话框中选择"标志"图片。单击"插入"按钮。

（7）此时标志图片将被插入到幻灯片中，单击选择图片，将鼠标指针移动到图片四周的控制点上，向内拖动调整图片大小。

（8）选择图片，并将其拖到合适位置，如图 5-20 所示。

（9）在"插入"→"媒体"组中单击"音频"按钮，在打开的对话框中选择素材提供的音频文件。

（10）单击"插入"按钮，即可将其插入到当前幻灯片中，利用鼠标拖动的方法将其移动到合适位置，如图 5-21 所示。

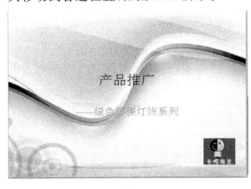

图 5-20　调整图片位置　　　　　　　　图 5-21　调整音频位置

（11）在"开始"→"幻灯片"组中单击"新建幻灯片"按钮，新建一张幻灯片（"标题和内容"版式）。在标题占位符中输入"产品数量图表"文本，设置字体格式为"方正宋三简体、44 号"。

（12）在正文占位符中单击"插入图表"按钮，打开"插入图表"对话框，在其中选择"簇状圆柱图"选项。

（13）单击"确定"按钮即可插入图表。

（14）在打开的 Excel 窗口中按照图 5-22 编辑数据，完成后关闭 Excel 窗口即可。

（15）利用相同的方法新建一张幻灯片，在其中输入如图 5-23 所示的文本，其中字符格式分别为"幼圆、54 号""华文行楷、20 号"。

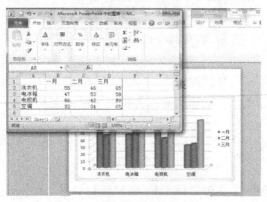

图 5-22　修改图表数据　　　　　　　　图 5-23　制作其他幻灯片

5.5　设置幻灯片的动画方案

设置幻灯片动画效果可以使幻灯片更生动，对添加的动画还可以进行编辑。

5.5.1　添加动画

PowerPoint 2010 预设了许多动画对象，以方便用户使用，其具体操作如下：

（1）选择需要添加动画的对象，在"动画"→"高级动画"组的列表框中选择要添加的动画样式，如图 5-24 所示。

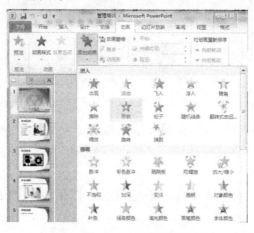

图 5-24　添加动画

（2）单击添加了动画后的文本内容，在"高级动画"组中双击"动画刷"按钮，在需要复制动画的目标位置单击可快速添加相应的动画。

5.5.2　设置动画效果

如果对添加的动画效果不满意，还可以自定义动画效果，如开始时间、持续时间和播放顺序等。其具体操作如下：

（1）单击"动画"图标 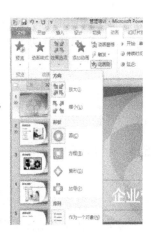，在"计时"组的"开始"下拉列表中选择"与上一动画同时"选项，更改动画播放时间。

（2）单击"动画"图标，单击"动画"组中的"效果选项"按钮，在弹出的下拉列表中选择需要的选项，如图 5-25 所示。

图 5-25　设置动画效果

5.5.3　设置切换效果

幻灯片切换效果是指放映演示文稿时，由上一张幻灯片切换到当前幻灯片时的过渡效果。设置切换效果的具体操作如下：

（1）单击"切换"→"切换到此幻灯片"组中"切换方案"，在弹出的下拉列表中选择要添加的切换效果。

（2）在"切换声音"下拉列表中选择声音切换选项，在"持续时间"数值框中设置切换动画持续时间。

（3）在"切换到此幻灯片"组中单击"效果选项"按钮，在弹出的下拉列表中选择需要的选项，更改切换方向。

【案例 8】为"管理培训"演示文稿添加动画效果。

（1）打开"管理培训"演示文稿，单击标题占位符，在"动画"→"高级动画"组的列表框中选择"形状"样式。

（2）将光标插入点定位到标题占位符中，在"高级动画"组中双击"动画刷"按钮。

（3）切换至第 2 张幻灯片，单击标题文本即可快速添加"形状"动画。

（4）使用相同的操作方法继续为剩余幻灯片中的标题添加相同的"形状"动画。完成后单击"动画刷"按钮。

（5）利用相同的方法为其他内容占位符创建动画，然后通过复制的方法应用到其他幻灯片上。

（6）切换至第一张幻灯片，单击标题占位符左侧的动画图标，在"计时"组的"开始"下拉列表中选择"与上一动画同时"选项，更改动画播放时间。

（7）利用相同的方法设置其他标题占位符动画的计时选项。切换至第 1 张幻灯片，单击标题占位符左侧的"动画"图标，单击"动画"组中的"效果选项"按钮，在弹出的下拉列表中选择"缩小"选项。

（8）单击"高级动画"组中的"触发"按钮，在弹出的下拉列表中选择"单击"→"Rectangle 2"选项。

（9）利用相同的方法设置其他幻灯片，在"切换"→"切换到此幻灯片"组的"样式"列表框中选择"擦除"选项。

（10）在"切换声音"下拉列表中选择声音切换选项，在"持续时间"数值中输入"01.25"，表示切换动画持续时间为"1.25"秒。

（11）利用相同的方法设置其他幻灯片即可。

5.6　放映幻灯片

5.6.1　设置放映方式

不同的场合需要设置不同的放映方式，这需要通过设置幻灯片放映的方式进行控制。在"幻灯片放映"→"设置"组中单击"设置幻灯片放映"按钮，在"设置放映方式"对话框中可根据需要进行设置，如图 5-26 所示。

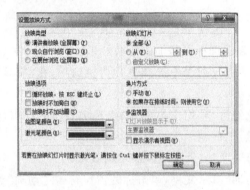

图 5-26　"设置放映方式"对话框

3 种幻灯片放映类型如下：

（1）演讲者放映（全屏幕）：以全屏幕的方式放映演示文稿，且演讲者在放映过程中对演示文稿有着完整的控制权，包括添加标记、快速定位幻灯片和打开放映菜单等。

（2）观众自行浏览（窗口）：该方式以窗口的形式放映幻灯片，并允许观众对演示文稿的放映进行简单的控制。

（3）在展台浏览（全屏幕）：采用该放映方式可使演示文稿在不需要专人看管的情况下，在类似于展览会场之类的环境中周而复始地循环放映。其放映效果与"演讲者放映（全屏幕）"方式完全相同，但放映过程中无法进行任何操作，并且需要设置排练计时才能正确播放各张幻灯片。

提示：以"观众自行浏览（窗口）"方式放映演示文稿时，可以在观赏演示文稿的同时，对电脑进行其他操作或使用其他程序。

5.6.2　设置排练计时

使用排练计时功能可以精确控制每一张幻灯片的放映时间,从而可以在无人操作的前提下,让演示文稿按照预演的时间进行播放。在"幻灯片放映"→"设置"组中单击"排练计时"按钮,即可进入排练计时状态,并显示"录制"工具栏开始进行计时。

【案例 9】对"绩效管理"演示文稿进行放映设置。

(1)打开"绩效管理"演示文稿,在"幻灯片放映"→"设置"组中单击"设置幻灯片放映"按钮。

(2)在打开的"设置放映方式"对话框的"放映类型"栏中选择"观众自行浏览(窗口)"单选项。

(3)在"放映选项"栏中选中"放映时不加旁白"复选框,在"换片方式"栏中选中"手动"单选项,单击"确定"按钮。

(4)放映设置完成后,播放幻灯片,观察播放效果。

(5)退出播放,在"幻灯片放映"→"设置"组中单击"排练计时"按钮。

(6)进入放映排练计时状态,幻灯片将全屏放映,同时打开"录制工具栏"并自动开始计时,此时可单击鼠标左键或按 Enter 键放映幻灯片下一个对象,进行排练,如图 5-27 所示。

图 5-27　计时放映时间

(7)单击鼠标左键或单击"录制"工具栏中的 ➡ 按钮,切换到下一张幻灯片,"录制"工具栏中的时间将从头开始为当前幻灯片放映进行计时。

(8)依次为演示文稿中的每一张幻灯片设置排练计时。放映完毕后将打开"Microsoft PowerPoint"提示对话框,提示是否保留新的排练计时时间,单击"是"按钮进行保存即可。

5.6.3　放映幻灯片

放映幻灯片可以有很多种方法:

(1)单击屏幕右下的"幻灯片放映"按钮🖵,

(2)在"幻灯片放映"→"开始幻灯片放映"组中单击"从头开始"按钮,或"从当前幻灯片开始"按钮。

(3)按 F5 键也可从第一张幻灯片开始放映。

5.6.4　放映过程中的控制

通过添加动作按钮和其他控制方式,还可控制幻灯片放映过程。在"插入"→"插图"组中单击"形状"按钮🗗,在弹出的下拉列表中选择"动作按钮:前进或下一项"选项,如图 5-28 所示。

在幻灯片中单击鼠标左键拖动鼠标绘制动作按钮。在打开的"动作设置"中保持默认设置,如图 5-29 所示。单击"确定"按钮。在"幻灯片放映"→"开始幻灯片放映"组中单击"放映"。

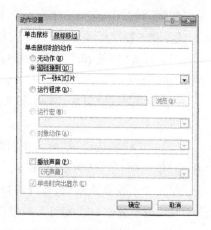

图 5-28　选择形状工具　　　　　　　图 5-29　动作设置

其他控制方式:

除添加动作按钮外,还可根据以下控制幻灯片放映:

(1) 按 S 或＋键,或在幻灯片上单击鼠标右键,在弹出的快捷菜单中选择"屏幕"→"暂停"命令暂停放映。

(2) 在暂停状态下,按 S 或＋键可重新开始放映。

(3) 按 Esc 键可退出放映。

(4) 在幻灯片上单击鼠标右键,在弹出的快捷菜单中选择"指针选项"命令,可在弹出的子菜单中设置笔型和颜色,即可在放映幻灯片时勾勒需要强调的地方。

提示:当不再需要使用笔做标记时,需要在幻灯片上单击鼠标右键,在弹出快捷菜单中选择"指针选项"命令,可在弹出的子菜单中选择"箭头"选项,退出笔注状态。

【案例 10】放映"项目策划"演示文稿。

(1) 打开"项目策略"演示文稿,按 F5 键开始放映幻灯片。

(2) 放映到第 2 张幻灯片时,单击鼠标右键,在弹出的快捷菜单中选择"指针选项"→"笔"命令。

(3) 在幻灯片中拖动鼠标标注需要注意的地方。

(4) 单击鼠标右键,在弹出的快捷菜单中选择"指针选项"→"箭头"命令。

(5) 切换到下一张幻灯片,利用相同的方法选择"荧光笔"进行标记。

(6) 结束放映,此时将打开提示框,询问是否保留墨迹。单击"保留"按钮保存墨迹。

5.7　打包与打印演示文稿

制作好的演示文稿除了在自己的计算机上通过屏幕演示之外，大多数情况下用户都需要外出演示幻灯片，如果演示的计算机内没有安装 PowerPoint 2010 软件，或只安装了版本低的 PowerPoint，就不能够播放用户制作的演示文稿。这时，可以将演示文稿和所附带的多媒体文档打包，经解包后的幻灯片不用考虑别的计算机安装了什么软件，都能正常演示。

【**案例 11**】打包并放映"绩效管理"演示文稿。

（1）打开"绩效管理"演示文稿，选择"文件"→"保存并发送"命令，在中间的列表中选择"文件类型"栏中的"将演示文稿打包成 CD"选项，单击列表中的"打包成 CD"按钮，如图 5-30 所示。

（2）打开"打包成 CD"对话框，在"将 CD 命名为"文本框中输入名称，然后单击"复制到文件夹"按钮。

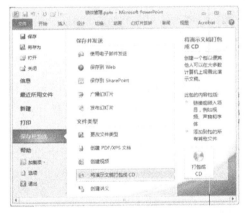

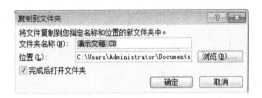

图 5-30　选择打包成 CD　　　　　　　　　图 5-31　复制文件

（3）打开"复制到文件夹"对话框，单击"浏览"按钮，如图 5-31 所示。

（4）打开"选择位置"对话框，在其中选择文件保存位置，单击"选择"按钮。

（5）返回"复制到文件夹"对话框，单击"确定"按钮。

（6）此时系统将弹出是否打包演示文稿中所有链接文件的提示对话框，单击"是"按钮确认即可。

第6章 计算机网络应用基础

随着人类社会的不断进步、经济的迅猛发展以及计算机的广泛应用,人们对信息的要求越来越强烈,为了更有效地传送、处理信息,计算机网络应运而生。计算机网络是计算机发展和通信技术紧密结合并不断发展的一门学科。其理论发展和应用水平直接反映一个国家高新技术的发展水平,是国家现代化程度和综合国力的重要标志。在以信息化带动工业化和工业化促进信息化的进程中,计算机网络扮演了越来越重要的角色。

本章系统地介绍计算机网络的基本概念、网络计算研究与应用的发展、数据通信的基础知识、计算机网络体系结构、TCP/IP 参考模型、IP 地址及分类、计算机局域网络、网络互连、网络互连设备结构及相关概念。本章内容丰富,难度适中,理论结合实际,充分反映了网络技术的最新发展。

6.1　计算机网络概述

在信息化社会中,计算机已从单一使用发展到群集使用。越来越多的应用领域需要计算机在一定的地理范围内联合起来进行群集工作,从而促进了计算机和通信这两种技术紧密的结合,形成了计算机网络这门学科。

6.1.1　计算机网络的定义与功能

1.计算机网络的定义

计算机网络,是指将地理位置不同的具有独立功能的多台计算机及其外部设备,通过通信线路连接起来,在网络操作系统、网络管理软件及网络通信协议的管理和协调下,实现资源共享和信息传递的计算机系统。

计算机网络通俗地讲就是将多台计算机(或其他计算机网络设备)通过传输介质和专用的网络软件连接在一起组成的。总的来说,计算机网络基本上包括:计算机、传输介质、网络操作系统以及相应的应用软件 4 部分。

2.计算机网络的功能

计算机网络的功能主要体现在 3 个方面:信息交换、资源共享、分布式处理。

1) 信息交换

这是计算机网络最基本的功能,主要完成计算机网络中各个节点之间的系统通信。用户可以在网上传送电子邮件、发布新闻消息、进行电子购物、电子贸易、远程电子教育等。

2）资源共享

资源是指构成系统的所有要素，包括软、硬件资源，如计算处理能力、大容量磁盘、高速打印机、绘图仪、通信线路、数据库、文件和其他计算机上的有关信息。由于受经济和其他因素的制约，这些资源并非（也不可能）所有用户都能独立拥有，所以网络上的计算机不仅可以使用自身的资源，也可以共享网络上的资源。因而增强了网络上计算机的处理能力，提高了计算机软硬件的利用率。

3）分布式处理

一项复杂的任务可以划分成许多部分，由网络内各计算机分别协作并行完成有关部分，使整个系统的性能大为增强。

6.1.2　计算机网络的结构与分类

1. 计算机网络的拓扑结构类型

网络中各个节点相互连接的方法和形式称为网络的拓扑结构。构成局域网络的拓扑结构主要有星型、总线型、环型、树型及混合型。拓扑结构的选择与传输介质的选择密切相关。应该考虑的因素包括：

（1）性价比。综合考虑使用要求和建网费用。

（2）灵活性。要考虑在设备搬动时很容易重新配置网络，并且能方便地删除原有节点或加入新节点。

（3）可靠性。在局域网中有两类故障，一是网中个别节点损坏，只影响局部；二是网络整体无法运行。在设计网络拓扑时应使故障检测和故障隔离较为方便。

1）星型网络

星型网络的拓扑结构，如图 6-1 所示。

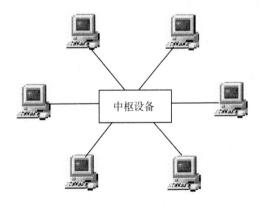

图 6-1　星型网络的拓扑结构

这是现在局域网最流行的一种结构，其中心为一个共享式集线器（Hub）或一个智能交换机（Smart Switch），呈星状结构将计算机互连起来。这种结构的最大优点是网络稳定性好,不会因为一台计算机的故障而影响整个网络通信。另外,此种网络结构的可扩充性也很好,要在网络中增加一台计算机,只需用网线将其连入 Hub 的一个 RJ45 槽口即可。当然此种结构也有缺点,一旦 Hub 出现故障,整个网络就会瘫痪。

在使用星型结构组网时应注意:

（1）Hub 或交换机可以进行级连,但最多不能超过 4 级。

（2）工作站接入或退出网络时不能影响系统的正常工作。

（3）一般采用双绞线进行连接,符合现代综合布线标准。

（4）这种网络结构可以满足多种带宽的要求,从 10Mb/s、100Mb/s 到 1000Mb/s。

2）总线型网络

总线型网络的拓扑结构,如图 6-2 所示。

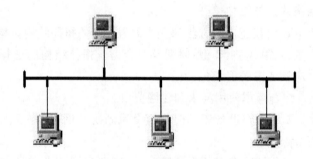

图 6-2　总线型网络的拓扑结构

每一台工作站都共用一条通信线路（总线）,其中任何一个节点发送的信息都会通过总线传送到每一个节点上,属于广播通信方式。每台工作站在接收到信息后,先分析该信息的目的地址是否与本地地址相一致。若一致,则接收此信息,否则拒绝接收。

在总线型网络的安装中应注意以下几点:

（1）这种网络结构一般使用同轴电缆进行网络连接,不需要中间连接设备,建网成本较低。

（2）每一网段的两端都需安装终端电阻器。

（3）仅适于连接较少的计算机（一般少于 20 台）。

（4）网络的稳定性较差,任一节点出现故障将导致整个网络的瘫痪。

（5）主要用于 10Mb/s 的共享网络。

3）环型网络

环型网络的拓扑结构,如图 6-3 所示。

它是将每一个工作站连接在一个封闭的环路中,一个信号依次通过所有的工作站,最后再回到起始工作站。每个工作站会逐次接收到环路上传输过来的信息,并对

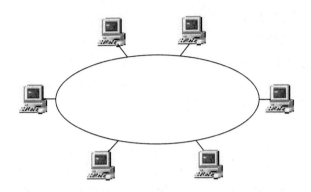

图 6-3　环型网络的拓扑结构

此信息的目标地址进行比较,当与本地地址相同时,才决定接收该信息。

环型网络具有以下特点:

(1) 每个工作站相当于一个中继器,当接收到信息后会恢复信息的原有强度,并继续往下发送。

(2) 在环路中新增用户较困难。

(3) 网络可靠性较差,不易管理。

4) 树型网络

树型网络的拓扑结构是从总线型网络的拓扑结构演变过来的,如图 6-4 所示。

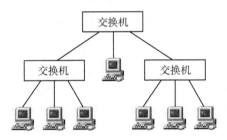

图 6-4　树型网络的拓扑结构

形状像一棵倒置的树,顶端是一个带分支的根,每个分支还可延伸出子分支。它与总线拓扑的主要区别在于根的存在。当某个节点发送信息时,根部接收该信号,然后再重新广播发送到全网,不需要中继器。

树型拓扑的特点在于:

(1) 容易添加新的分支和节点。

(2) 如果某一分支的节点或线路发生故障,容易将其从整个系统中隔离出来。

(3) 对根部的依赖性太大,如果根部发生故障,全网就无法正常工作。

5) 混合型网络

这是将星型拓扑和环型拓扑混合起来的一种拓扑,试图取这两种拓扑的优点于一个系统。这种拓扑的配置是由一些接在环上的集线器组成,对于每个集线器,再按星型拓扑接到各个用户的工作站上。

2.计算机网络的分类

计算机网络类型的划分标准各种各样,从地理范围划分是一种目前被普遍认可的通用网络划分标准。按这种标准可以把网络划分为局域网、城域网、广域网 3 种。下面简要介绍这几种计算机网络。

1）局域网

局域网(Local Area Network,LAN)是指在局部地区范围内将计算机、外部设备和通信设备互连在一起的网络系统,常见于一幢大楼、一个工厂或一个企业内,它所覆盖的地区范围较小。局域网在计算机数量配置上没有太多的限制,少的可以只有两台,多的可达几百台。一般来说,在企业局域网中,工作站的数量在几十到两百台左右。网络所涉及的地理距离,可以是几米至 10km 以内。局域网一般位于一个建筑物或一个单位内,不存在寻径问题,不包括网络层的应用。

局域网的主要特点是:连接范围窄,用户数少,配置容易,连接速率高,误码率较低。

局域网组建方便,采用的技术较为简单,是目前最常见、应用最广的一种网络。局域网主要用于实现短距离的资源共享,并且,随着计算机网络技术的不断发展和提高,局域网技术得到了充分的应用和普及。IEEE802 标准委员会定义了多种主要的LAN 网:以太网(Ethernet)、令牌环网(Token Ring)、光纤分布式接口网络(FDDI)、异步传输模式网(ATM)以及最新的无线局域网(WLAN),其中以太网的传输速率最快,高达 10Gb/s。

2）城域网

城域网(Metropolitan Area Network,MAN)一般来说是在一个城市,但不在同一地理小区范围内的计算机互连。这种网络的连接距离可以在 10～100km,它采用的是 IEEE802.6 标准。MAN 与 LAN 相比扩展的距离更长,连接的计算机数量更多,在地理范围上可以说是 LAN 网络的延伸。在一个大型城市或都市地区,一个MAN 网络通常连接着多个 LAN 网。如连接政府机构的 LAN、医院的 LAN、电信的 LAN、公司企业的 LAN 等。由于光纤连接的引入,使 MAN 中高速的 LAN 互连成为可能。

3）广域网

广域网(Wide Area Network,WAN)也称为远程网,所覆盖的范围比城域网更广,它一般是在不同城市或国家之间的 LAN 或者 MAN 网络互连,地理范围可从几百千米到几千千米。因为距离较远,信息衰减比较严重,目前多采用光纤线路,通过接口信息处理协议和线路连接起来,构成网状结构,解决路径问题。这种广域网因为所连接的用户多,总出口带宽有限,连接速率一般较低。因特网(Internet)是广域网的一种,但它不是一种具体独立性的网络,它将同类或不同类的物理网络(局域网、广域网与城域网)互连,并通过高层协议实现不同类网络间的通信。

6.1.3 计算机网络设备

计算机网络是一个非常复杂的系统,网络在物理上依靠各种硬件设备相互连接而组成,这些网络设备直接影响着网络是否能够运行以及运行的质量。

1. 网络硬件

1) 网络适配器

网络适配器(Net Interface Card,NIC)也称为网卡或网板,是计算机与传输介质进行数据交互的中间部件,通常插入到计算机总线插槽内或某个外部接口的扩展卡上,进行编码转换和收发信息。在接收传输介质上传送的信息时,网卡把传来的信息按照网络上信号编码要求和帧的格式交给主机处理。在主机向网络发送信息时,网卡把发送的信息按照网络传送的要求装配成帧的格式,然后采用网络编码信号向网络发送出去。

不同的网络使用不同类型的网卡,在接入网络时需要知道网络的类型,从而购买适当的网卡。常见的网络类型为以太网和令牌环网,网卡的速率为 10Mb/s 或100Mb/s,接口为双绞线、光纤等,如图 6-5 所示。

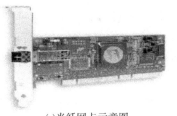

(a)光纤网卡示意图　　　　　(b)笔记本无线网卡

图 6-5　网络适配器

2) 调制解调器

调制解调器(Modem)是调制器和解调器的简称,俗称"猫",是实现计算机通信的外部设备。调制解调器是一种进行数字信号与模拟信号转换的设备。计算机处理的是数字信号,而电话线传输的是模拟信号,调制解调器就是在计算机和电话线之间的一个连接设备,它将计算机输出的数字信号变换为适合电话线传输的模拟信号,在接收端再将接收到的模拟信号变换为数字信号由计算机处理。因此,调制解调器成对使用。

调制解调器可按外观分为内置式、外置式和 PC 卡式 3 类。内置式调制解调器是一块直接插在计算机主机箱内扩展槽中的电路板,其中包括调制解调器和串行端电路口。外置式调制解调器是一台独立的设备,后面板上有一根电源线、与计算机串口(RS-232)连接的接口及与电话线连接的接口,前面板上有若干个指示灯,用于指示 调制解调器的工作状态。PC 卡是专为笔记本计算机设计的,只有一张名片大小,直接插在笔记本计算机的标准 PCMCIA 插槽中。选择调制解调器的一个重要指示是传输速率,即每秒传送的位数,单位是位/秒(b/s)。目前主要使用的是 33.6Kb/s 和 56Kb/s 的调制解调器,如图 6-6 所示。

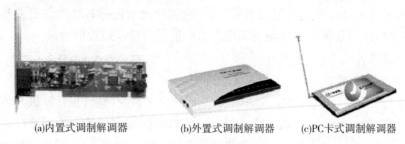

(a)内置式调制解调器   (b)外置式调制解调器   (c)PC卡式调制解调器

图 6-6　调制解调器

3) 传输介质

计算机网络的硬件部分除了计算机本身以外,还要有用于连接这些计算机的通信线路和通信设备,即数据通信系统。其中,通信线路是指数据通信系统中发送器和接收器之间的物理路径,它是传输数据的物理基础。通信线路分为有线和无线两大类,有线通信线路由有线传输介质及其介质连接部件组成。无线通信线路是指利用地球空间和外层空间作为传播电磁波的通路。

(1)双绞线。双绞线是一种最常用的传输介质,由 4 对两根相互绝缘的铜线绞合在一起组成,每根铜线的直径大约 1mm。双绞线价格便宜,也易于安装使用,但在传输距离、传输速度等方面受到一定的限制,但由于它较好的性能价格比,目前被广泛使用。

双绞线一般有屏蔽双绞线(Shielded Twisted-Pair,STP)与非屏蔽双绞线(Unshielded Twisted-Pair,UTP)之分,屏蔽的五类双绞线外面包有一层屏蔽用的金属膜,在电磁屏蔽性能方面比非屏蔽的要好些,但价格也要贵些。

双绞线按电气性能通常分为:三类、四类、五类、超五类、六类、七类双绞线等类型,数字越大,版本越新、技术越先进、带宽也越宽,价格也越贵。目前,在一般局域网中常见的是五类、超五类或六类非屏蔽双绞线。双绞线的两端必须都安装 Rj-45 连接器(俗称水晶头),以便与网卡、集线器或交换机连接,如图 6-7 所示。

双绞线线芯

灰色保护套

图 6-7　双绞线、水晶头

（2）同轴电缆。同轴电缆由圆柱形金属网导体（外导体）及其所包围的单根金属芯线（内导体）组成，外导体与内导体之间由绝缘材料隔开，外导体外部也是一层绝缘保护套。同轴电缆有粗缆和细缆之分，图 6-8 所示为细同轴电缆段。

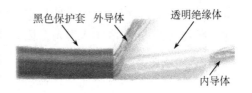

图 6-8　细同轴电缆

粗缆传输距离较远，适用于比较大型的局域网。它的传输衰耗小，标准传输距离长，可靠性高。由于粗缆在安装时不需要切断电缆，因此，可以根据需要灵活调整计算机接入网络的位置。但使用粗缆时必须安装收发器和收发器电缆，安装难度大，总体成本高。而细缆由于功率损耗较大，一般传输距离不超过 185m。细缆安装比较简单，造价低，但安装时要切断电缆，电缆两端要装上网络连接头，然后，连接在 T 型连接器两端。所以，当接头多时容易出现接触不良，这是细缆局域网中最常见的故障之一。

同轴电缆有两种基本类型，基带同轴电缆和宽带同轴电缆。基带同轴电缆一般只用来传输数据，不使用 Modem，因此较宽带同轴电缆经济，适合传输距离较短、速度要求较低的局域网。基带同轴电缆的外导体是用铜做成网状的，特性阻抗为 50（型号为 RG-8、RG-58 等）。宽带同轴电缆传输速率较高，距离较远，但成本较高。它不仅能传输数据，还可以传输图像和语音信号。宽带同轴电缆的特性阻抗为 75（如 RG-59 等）。

（3）光纤。光纤即光导纤维，采用非常细、透明度较高的石英玻璃纤维（直径为 2～125μm）作为纤芯，外涂一层低折射率的包层和保护层。光纤分为单模光纤和多模光纤两类，单模光纤指光纤的直径小到只能传输一种模式的光纤，光波以直线方式传输，而不会有多次反射，波长单一；多模光纤是在发送端有多束光线，可以在纤芯中以不同的光路进行传播。多模光纤比单模光纤的传输性能略差。

一组光纤组成光缆。与双绞线和同轴电缆相比，光缆适应了目前网络对长距离传输大容量信息的要求，在计算机网络中发挥着十分重要的作用，如图 6-9 所示。

图 6-9　光纤

分析光在光纤中传输的理论一般有射线理论和模式理论两种。射线理论是把光看作射线，引用几何光学中反射和折射原理解释光在光纤中传播的物理现象。模式理论则把光波当作电磁波，把光纤看作光波导，用电磁场分布的模式来解释光在光纤中的传播现象。这种理论相同于微波波导理论，但光纤属于介质波导，与金属波导管有区别。模式理论比较复杂，一般用射线理论来解释光在光纤中的传输。光纤的纤芯用来传导光波,包层有较低的折射率。当光线从高折射率的介质射向低折射率的介质时,其折射角将大于入射角。因此,如果折射角足够大,就会出现全反射,光线碰到包层时就会折射向纤芯,这个过程不断重复,光线就会沿着光纤传输下去,如图 6-10所示,光纤就是利用这一原理传输信息的。

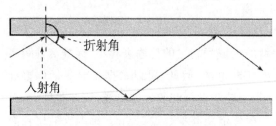

图 6-10　光波在纤芯中的传输

光纤有很多优点,包括频带宽、传输速率高、传输距离远、抗冲击和电磁干扰性能好、数据保密性好、损耗和误码率低、体积小和重量轻等。但它也存在连接和分支困难、工艺和技术要求高、需配备光电转换设备、单向传输等缺点。由于光纤是单向传输的,要实现双向传输就需要两根光纤或一根光纤上有两个频段。

（4）无线传输介质。无线传输常用于有线铺设不便的特殊地理环境,或者作为地面通信系统的备份和补充。在无线传输中使用较多的是微波通信,地面微波通信在数据通信中占有重要地位。通常工作频率在 109～101GHz。

卫星通信实际上是使用人造地球卫星作为中继器来转发信号的,它使用的波段也是微波。通信卫星通常被定位在几万千米高空,因此,卫星作为中继器可使信息的传输距离很远(几千至上万千米)。卫星通信容量大、传输距离远、可靠性高。

应用于计算机网络的无线通信除地面微波及卫星通信外,还有红外线和激光通信等。红外线和激光通信的收发设备必须处于视线范围内,均有很强的方向性,因此,防窃取能力强。但由于它们的频率太高,波长太短,不能穿透固体物质,且对环境因素(如天气)较为敏感,因而,只能在室内和近距离使用。

2. 互连设备

1）中继器

中继器（Repeater）是局域网环境下用来延长网络距离的最简单、最廉价的互连设备,工作在 OSI 的物理层,作用是对传输介质上传输的信号接收后经过放大和整形再发送到其传输介质上,经过中继器连接的两段电缆上的工作站就像是在一条加长的电缆上工作一样,如图 6-11 所示。

图 6-11　中继器

一般情况下,中继器两端连接的既可以是相同的传输介质,也可以是不同的传输介质,但中继器只能连接相同数据传输速率的 LAN。中继器在执行信号放大功能时不需要任何算法,只将来自一侧的信号转发到另一侧(双口中继器)或将来自一侧的信号转发到其他多个端口。使用中继器是扩充网络距离最简单的方法,但当负载增加时,网络性能急剧下降,所以只有当网络负载很轻和网络延时要求不高的条件下才能使用。

2) 集线器

集线器(Hub)可以说是一种特殊的中继器,区别在于集线器能够提供多端口服务,每个端口连接一条传输介质,也称为多端口中继器,如图 6-12 所示。用户可以用双绞线通过 RJ-45 连接到 Hub 上。

图 6-12　集线器

集线器将多个节点汇接到一起,起到中枢或多路交汇点的作用,是为优化网络布线结构、简化网络管理为目标而设计的。

3) 网桥

网桥(Bridge)也称桥接器,是连接两个局域网的一种存储/转发设备,工作在 OSI 的数据链路层,它能将一个较大的 LAN 分割为多个子网,或将两个以上的 LAN 互连为一个逻辑 LAN,使 LAN 上的所有用户都可以访问服务器。

4) 交换机

交换机是集线器的升级换代产品,从外观上来看的话,它与集线器基本上没有多大区别,都是带有多个端口的长方形盒状体。交换机是按照通信两端传输信息的需要,用人工或设备自动完成的方法,把要传输的信息送到符合要求的相应路由上的技术统称。广义的交换机就是一种在通信系统中完成信息交换功能的设备。

交换机拥有一条很高带宽的背部总线和内部交换矩阵。交换机的所有的端口都挂接在这条背部总线上。控制电路收到数据包以后,处理端口会查找内存中的 MAC 地址(网卡的硬件地址)对照表以确定目的 MAC 的 NIC(网卡)挂接在哪个端口上,通过内部交换矩阵直接将数据包迅速传送到目的节点,而不是所有节点。这种方式一方面效率高,不易产生网络堵塞;另一方面数据传输安全,发送数据时其他节点很难侦听到所发送的信息。

5) 路由器

路由器(Router)是在网络层提供多个独立的子网间连接服务的一种存储转发设备,工作在 OSI 的网络层,用路由器连接的网络可以使用在数据链路层和物理层协议完全不同的网络中。路由器提供的服务比网桥更为完善。路由器可根据传输费用、转接延时、网络拥塞或信源与终点间的距离来选择最佳路径。路由器的服务通常要由用户端设备提出明确的请求,处理由用户端设备要求寻址的报文。在实际应用时,路由器通常作为局域网与广域网连接的设备,如图 6-13 所示。

图 6-13　路由器

6）网关

网关(Gateway)在互连网络中起到高层协议转换的作用,如 Internet 上用简单邮件传输协议进行传输电子邮件时,如果与微软的 Exchange 服务器进行互通,需要电子邮件网关。

6.1.4　计算机网络的体系结构

计算机网络是一个复杂的系统,对网络的设计者和建设者来说,理解它的逻辑功能和层次结构,对各种网络的设计和建设是非常有帮助的。只有被研究的系统抽象化和模型化,才能详细了解和彻底掌握计算机网络体系,才能使计算机网络得到广泛应用。所谓的网络体系结构就是为了完成主机之间的通信,把网络结构划分为有明确功能的层次,并规定了同层次通信的协议及相邻层次之间的接口与服务。因此,网络的层次结构模型与各层协议和层间接口的集合统称为网络体系结构。

1. OSI 开放系统互连参考模型

在最早的计算机网络通信中,并没有统一的网络通信标准或协议,往往是各计算机硬件软件厂商各自为战,制定或定义自己的网络协议或体系结构,从而导致了不同厂商的计算机很难实现网络互连和通信。

为了改变这种情况,1976 年国际标准化组织发布了一系列标准,提出了一个连接不同设备的网络体系结构。

1964 年,ISO 公布了一个修订版本,称之为开放式系统互连参考模型(Open System Interconnection Reference Model,OSI 模型)。该模型用于指导网络互连,OSI 描述了网络硬件和软件如何以层的方式协同工作,使得网络通信成为可能。OSI 模型分为 7 层,从下往上分别是物理层、数据链路层、网络层、传输层、会话层、表示层和应用层。当发送数据时,数据自上而下传输;当接收数据时,数据自下而上传输。OSI 参考模型的结构,如图 6-14 所示。

1）物理层

物理层位于 OSI 参考模型的最低层,是整个开放系统的基础。物理层为设备之

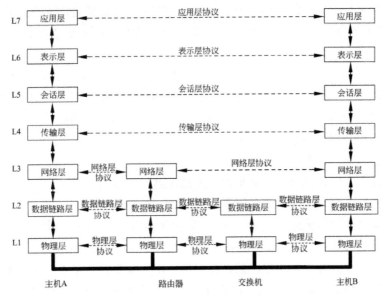

图 6-14　OSI 参考模型

间的数据通信提供传输媒体及互连设备,为数据传输提供可靠的环境。它直接面向比特流的传输。物理层的主要任务如下:

(1)制定关于物理接口的机械、电气、功能和规程特性的标准,以便于不同的制造厂家能够根据标准各自独立地制造设备,并保证各个厂家的产品能够相互兼容。

(2)制定信号的编码方式,使得通信各方能够正确对信号进行解析。

(3)制定网络连接可用的拓扑结构。

(4)制定数据的传输模式,例如传输是单工还是双工,线路是独占还是共享,通信是一对一还是一对多等。

2) 数据链路层

物理层只负责比特流的接收和传输,无需了解比特流中数据的意义和结构。数据链路层传输的是有结构的数据,称为帧(Frame)。数据帧由发送方地址、接收方地址、控制信息、数据和一些必要的帧标识构成。数据帧中的地址称为物理地址。数据链路层的主要任务如下:

(1)制定帧的同步方式,也就是如何标识和识别一个帧的开始和结束。常见的几种帧同步方法有字符计数法、带字符填充的首尾界符法、带位填充的首尾标志法和物理层编码违例法。

(2)制定流量控制的处理方法,防止由于发送方的传输速度过高而导致接收方无法及时处理所有的数据帧。流量控制一般采用滑动窗口机制实现。

(3)制定差错控制的处理方法,当传输的数据因噪声等原因被破坏时,接收方的数据链路层能检测到错误,并采取一定的处理措施,如数据重传。

（4）制定共享信道的访问策略。在广播式网络中，需要制定共享信道的访问策略，使得通信各方不至于相互冲突，或者发生冲突后能识别并规避冲突。

3）网络层

网络层可以在不直接相连的主机之间传输数据包。发送方和接收方之间可以存在多条传输路径，数据包在传输过程可能使用不同的数据链路层，这些数据链路层的传输延时、信道控制方式和 MTU（Maximum Transmission Unit，最大传输单元）都不相同。网络层使用逻辑地址进行寻址，向上层提供一致的通信服务，并屏蔽不同数据链路层的差异。网络层的主要任务如下：

（1）制定逻辑地址与物理地址之间的地址解析方法。

（2）既提供面向连接的通信服务，也提供无连接的通信服务。

（3）解决数据包传输的路由问题，为数据包选择最合适的传输路径。路由选择可以采用静态设定的方法，也可以采用路由算法动态地进行计算。

（4）制定数据包分片与重组的处理方法。由于数据包传输中可能经过不同的物理网络，各物理网络的 MTU 不同，超过 MTU 大小的数据无法传输，因此网络层在数据传输过程中一旦发现数据包大小超过 MTU，就要将数据包进行分片，在数据分片到达接收方时再进行重组。分片可以在发送方和传输的中间节点（路由器）进行，重组只能在接收方进行。

（5）建立拥塞处理机制。当多条物理链路同时向一条物理链路传输数据时，有可能造成这条物理链路的拥塞，网络层必须建立相应的机制以解决拥塞问题。拥塞控制与数据链路层的流量控制有些相似，但流量控制涉及的发送方和接收方都只有一个，而拥塞控制涉及多个发送方，因此网络层的拥塞控制机制更为复杂。拥塞控制一般采用源抑制机制实现。

4）传输层

传输层建立在网络层之上，向会话层提供更强大而且灵活的通信服务。传输层的主要任务如下：

（1）提供面向连接的通信服务。

（2）以端口的形式实现多路复用，使多个上层通信进程可以同时进行网络通信。

（3）实现端到端的流量控制，使发送方在传输时不至于超过接收方的处理能力。传输层的端到端的流量控制与数据链路层的点到点的流量控制有所不同，数据链路层的发送方和接收方处于同一个物理网络中，只有一条传输途径，通信时不需要其他设备进行存储转发；而传输层的发送方和接收方之间有可能有多条传输途径，通信时有可能需要通过其他设备进行存储转发，因此依然需要进行流量控制。流量控制依然采用滑动窗口机制实现。

（4）提供差错控制处理机制，向用户提供可靠的通信服务。差错控制一般采用确认与超时重传机制实现。

（5）提供让分组按照从发送方发出时的顺序依次到达接收方的服务。

5）会话层

会话层建立在传输层连接的基础上，提供了对某些应用的增强会话服务，例如远程登录的会话管理。会话层的主要任务如下：

（1）建立、拆分和关闭会话。

（2）实现会话的同步，将会话的数据进行分解，并在数据块中加入标识。

（3）实现会话数据的确认和重传。

（4）使用令牌实施对话控制，令牌可以在会话双方之间交换，执有令牌的一方才拥有发言权。

6）表示层

表示层负责两个通信系统之间所交换信息的表示方式，使得两台数据表示结构完全不同的设备能够自由地进行通信。它关心的是所传输数据的语法和语义，目标是消除网络内部的语法语义差异。表示层的主要任务如下：

（1）实现数据格式的翻译，发送方先将数据转换成双方都能够理解的传输格式，接收方再将数据转换为自己使用的格式。

（2）为了数据的安全，对数据进行加密传输，到达接收方再进行解密。

（3）为了提高网络传输的速度，可以对数据进行压缩后再传输，并在接收方进行解压缩。

7）应用层

应用层是 OSI 参考模型的最高层，负责为用户的应用程序提供网络服务。它与用户的应用程序直接接触，提供了大量通信协议。例如，网络虚拟终端、电子邮件、文件传输、文件管理、远程访问和打印服务等。

与 OSI 其他层不同的是，应用层不为任何其他 OSI 层提供服务，而是直接为应用程序提供服务，包括建立连接、同步控制、错误纠正和重传协商等。为了让各种应用程序能有效地使用 OSI 网络环境，应用层的各种协议都必须提供方便的接口和运行程序，并形成一定的规范，确保任何遵循此规定的使用者都能够相互通信。

2. TCP/IP 参考模型

OSI 所定义的网络体系结构从理论上来讲比较完整，是国际公认的标准，但是由于它实现起来过于复杂，运行效率很低，而且制定周期太长，导致事实上世界上几乎没有哪个厂家生产出完全符合 OSI 标准的商用产品。20 世纪 90 年代初期，Internet 已在世界范围得到了迅速的普及和广泛的支持与应用。而 Internet 所采用的体系结构是 TCP/IP（Transmission Control Protocol/Internet Protocol）参考模型，这使得 TCP/IP 成为事实上的工业标准。

TCP/IP 协议模型采用四层的分层体系结构，由下向上依次是网络接口层、网络层、传输层和应用层。TCP/IP 四层协议模型与 OSI 参考模型的对照关系如图 6-15

所示。

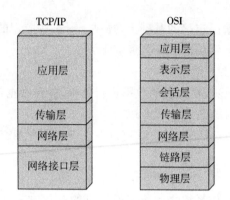

图 6-15　TCP/IP 参考模型与 OSI 参考模型的对照关系

1）网络接口层

网络接口层也称为数据链路层或链路层，通常包括操作系统中的设备驱动程序和计算机中对应的网络接口卡，用于处理与电缆的物理接口细节。

2）网络层

该层定义了 IP 协议的报文格式和传送过程，作用是把 IP 报文从源端送到目的端，协议采用非连接传输方式，不保证 IP 报文顺序到达。主要负责解决路由选择、跨网络传送等问题。对应于 OSI 模型的网络层，该层最主要的协议就是 IP 协议（Internet Protocol）。

3）传输层

该层定义了 TCP 协议，TCP 建立在 IP 之上（这正是 TCP/IP 的由来），提供了传输过程中的流量控制、错误处理、数据重发等工作。TCP 协议是面向连接的协议，类似于打电话，在开始传输数据之前，必须先建立明确的连接，保证源终端发送的字节流毫无差错地顺序到达目的终端。

该层还定义了另一个传输协议——用户数据包协议（User Data Protocol，UDP），但它是一种无连接协议。两台计算机之间的传输类似于传递邮件，即数据包从一台计算机发送到另一台计算机之前，两者之间不需要建立连接。UDP 中的数据包是一种自带寻址信息、独立从数据源走到终点的数据包。UDP 不保证数据的可靠传输，也不提供重新排列次序或重新请求功能，所以说它是不可靠的。虽然 UDP 的不可靠性限制了它的应用场合，但它比 TCP 具有更好的传输效率。

4）应用层

应用层是 TCP/IP 的最高层，对应于 OSI 的最高三层，它是 TCP/IP 系统的终端用户接口，是专门为用户提供应用服务的。如利用文件传输协议请求传输一个文件和一个目标计算机的连接。在传输文件的过程中，用户和远程计算机交换的一部分是能看到的。最常用的协议包括文件传输协议、远程登录、域名服务、简单邮件传输协议和超文本传输协议等。

3. 网络协议

一个计算机网络有许多互相连接的节点,在这些节点之间要不断地进行数据的交换。要做到有条不紊地交换数据,每个节点就必须遵守一些事先约定好的规则。这些为进行网络中的数据交换而建立的规则、标准或约定即称为网络协议。

网络协议主要由以下 3 个要素组成。

1) 语法

语法即数据与控制信息的结构或格式。例如,在某个协议中,第一个字节表示源地址,第二个字节表示目的地址,其余字节为要发送的数据等。

2) 语义

定义数据格式中每一个字段的含义。例如,发出何种控制信息,完成何种动作以及做出何种应答等。

3) 时序

收发双方或多方在收发时间和速度上的严格匹配,即事件实现顺序的详细说明。

TCP/IP 协议,即传输控制协议(TCP)和网际互连协议(IP)。它是一种计算机之间的通信规则,它规定了计算机之间通信的所有细节。它规定了每台计算机信息表示的格式与含义,规定了计算机之间通信所要使用的控制信息,以及在接到控制信息后应该作出的反应。目前,众多的网络产品厂家都支持 TCP/IP 协议,并被广泛用于因特网(Internet)连接的所有计算机上。

6.2　Internet 概述

Internet 对于大多数人来讲一点儿都不陌生,它是一个全球性的巨大计算机网络体系,把全球数以万计的计算机网络,数以亿计的主机连接起来,包含了难以计数的信息资源,向全世界提供信息服务。Internet 成为获取信息的一种方便、快捷、有效的手段,成为信息社会的重要支柱。

6.2.1　Internet 的起源与发展

Internet 的中文译名为“因特网”。它是由成千上万个路由器或网关通过各种通信线路把分散在不同地域、不同类型的计算机网络连接在一起的世界上最大的互连网络。它采用客户机/服务器方式访问资源。Internet 上的资源分为信息资源和服务资源两类。Internet 的主要功能可分为 5 个方面,即网上信息查询、网上交流、电子邮件、文件传输和远程登录。

　　Internet 是在美国较早的军用计算机网 ARPAnet 的基础上经过不断发展变化而形成的。Internet 的起源主要可分为以下几个阶段。

　　1.雏形

　　1969 年,美国国防部高级研究计划管理局(ARPA)开始建立一个命名为 ARPAnet 的网络。目的只是为了将美国的几个军事研究用计算机主机连接起来,用来支持分时工作的主机系统,但用户们随即就发现他们更依赖于后来增加的一些功能,如电子邮件、文件传输和文件共享等,人们普遍认为这就是 Internet 的雏形。

　　2.诞生

　　1975 年,ARPAnet 交由美国国防通信署管理。到 1980 年,TCP/IP 已被成功地建立起来。1983 年,ARPAnet 完成了向 TCP/IP 的转换。美国加利福尼亚伯克莱分校把该协议作为其 BSDUNIX 的一部分,使得该协议得以在社会上流行起来,从而诞生了真正的 Internet。

　　3.发展

　　1986 年,美国国家科学基金会(NSF)利用 ARPAnet 发展出来的 TCP/IP 通信协议建立了 NSFnet 广域网。由于美国国家科学基金会的鼓励和资助,很多大学、研究机构把自己的局域网并入 NSFnet 中。那时,ARPAnet 的军用部分已脱离母网,建立了自己的网络 MILnet,ARPAnet 逐步被 NSFnet 所替代,到 1990 年,ARPAnet 已退出了历史舞台,NSFnet 成为 Internet 的重要骨干网之一。

　　4.商业化

　　到了 20 世纪 90 年代初,Internet 事实上已成为一个"网中网",各个子网分别负责自己的架设和运作费用,而这些子网又通过 NSFnet 互连起来。由于 NSFnet 是由政府出资的,所以当时 Internet 最大的老板还是美国政府。1991 年美国 3 家公司分别经营的 CERFnet、PSInet 及 ALternet 网络,可以在一定程度上向用户提供 Internet 联网服务。它们组成了"商用 Internet 协会"(CIEA),宣布用户可以将其 Internet 子网用于任何商业目的。商业机构一踏入 Internet 这一陌生的世界就发现了它在通信、资料检索、客户服务等方面的巨大潜力,于是其势便一发不可收拾,世界各地无数的企业及个人纷纷涌入 Internet,带来 Internet 发展史无前例一个新的飞跃。1995 年,NSFnet 停止运作,Internet 彻底商业化。

6.2.2　中国 Internet 的发展

　　中国 Internet 的发展,和世界上大多数国家 Internet 发展相似,最初都是由学术网络发展而来的。从 20 世纪 80 年代中期开始,中国的科技人员了解到国外同行们已经采用电子邮件来互相交流信息,十分方便、快捷。因此,一些单位开始了种种努力,争取早日使用 Internet。钱天白在 1987 年 9 月 20 日发出了第一封电子邮件"越过长城,通向世界",实现了电子邮件的存储转发功能,揭开了中国人开始使用 Internet 的序幕。

1994 年 5 月 19 日,中国科学院高能物理研究所通过卫星线路连接到美国的 Internet 主干网上,实现了与 Internet 的全功能连接,标志着 Internet 延伸到中国。从此 Internet 在中国开始飞速发展。

截至 2005 年 6 月 30 日,我国上网用户总数突破 1 亿,达到 1.03 亿人;我国互联网直接连接美国、俄罗斯、法国、英国、德国、日本、韩国、新加坡、马来西亚等国家,国际出口带宽总量达到 62617MB。

目前,我国提供互联网接入服务的运营商主要有:中国公用计算机互联网 (ChinaNET)、中国教育和科研计算机网(CERNET)、中国科技网(CSTNET)、中国金桥信息网(ChinaGBN)、中国网络通信集团(CHINA169)、中国国际经济贸易互联网(CIETNET)、中国联通互联网(UNINET)、中国移动互联网(CMNET)。其中,中国公用计算机互联网、中国教育与科研网、中国科学技术网、中国金桥信息网被称为中国 4 大互联网。

1. CSTNET

CSTNET(China Scienceand Technology Network)的发展历史,实际上也是中国 Internet 的发展历史。1966 年开始,国内一些科研单位,通过长途电话拨号到欧洲一些国家,进行联机数据库检索。1967 年,利用这些国家与 Internet 的连接,进行 E-mail 通信。1969 年 10 月,中国科学院计算机网络信息中心主持了"中国国家计算机与网络设施"(National Computing-Networking Facilityof China, NCFC)科研项目,该项目的内容是在中关村地区建设一个超级计算中心,供这一地区的科研用户进行科学计算。其中的网络部分于 1993 年全部完成,并于 1994 年 3 月开通了一条 64Kh/s 连到美国的国际线路,正式接入 Internet。CSTNET 是在 NCFC 及 CASNET (中国科学院网北京部分)的基础上建成的。

2. CERNET

CERNET(China Educationand Research Network)是由国家批准立项、原国家教育委员会主持建设和管理的全国性教育和科研计算机互连网络。CERNET 从 1994 年开始建设,目前已具相当规模,成为我国众多高校最重要的教学和科研基础设施之一。

3. ChinaGBN

ChinaGBN(China Golden Bridge Network)是我国国民经济信息化基础设施,支持金关、金税、金卡等"金"字头工程的应用。该网 1994 年立项,由原电子工业部负责建设和管理,目前已在北京建立了 ChinaGBN 网控中心,在全国 30 多个大中城市设立了 70 多个通信站点并联网开通。

4. ChinaNET

ChinaNET 是由原邮电部组织建设和管理的基于 Internet 网络技术的中国公用计算机互联网。它由骨干网和接入网组成,并设立全国网管中心和各接入网网管中心。骨干网是 ChinaNET 的主要信息通路,由各直辖市和各省会城市的网络节点构成;接入网是各省(区)内建设的网络节点形成的网络。ChinaNET 的网络建设起步于 1995 年,现在覆盖全国所有省份的二百多个城市。

6.2.3　Internet 的工作原理

Internet 连接了世界上不同国家与地区无数不同硬件、不同操作系统与不同软件的计算机,为了保证这些计算机之间能够畅通无阻地交换信息,必须拥有统一的通信协议。

1. Internet 通信协议

Internet 就是由许多小的网络构成的国际性大网络,在各个小网络内部使用不同的协议,正如不同的国家使用不同的语言,那如何使它们之间能进行信息交流呢?这就要靠网络上的世界语——TCP/IP 协议,如图 6-16 所示。

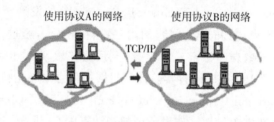

图 6-16　TCP/IP 协议

TCP/IP 协议最早发源于美国国防部的 DARPA 互联网项目。TCP/IP 实际上是一种层次型协议,是一组协议的代名词,它的内部包含许多其他的协议,如应用层的简单电子邮件传输协议(SMTP)、文件传输协议(FTP)、网络远程访问协议(Telent);传输层的传输控制协议(TCP)、用户数据包协议(UDP);互连网络层的网际协议(IP)等。

2. IP 地址

Internet 上,为了实现连接到互联网上的节点之间的通信,必须为每个节点(入网的计算机)分配一个地址,并且应当保证这个地址是全 Internet 唯一的,这便是 IP 地址。

目前的 IP 地址(IPv4:IP 第 4 版本)的长度为 32 位,占用 4 个字节。

IP 地址的点分十进制表示法:为方便起见,一般将 32 位的 IP 地址分成 4 个组,每组中 8 位二进制数转换成十进制数,其范围是 0~255,中间由小数点间隔(如 211.82.168.8),称为点分十进制表示法。

3. 域名地址

尽管 IP 地址能够唯一地标识网络上的计算机,但 IP 地址是数字的,不如名字记忆起来方便,于是人们又使用了一套字符型的地址方案即所谓的域名地址。IP 地址和域名地址是一一对应的,如内蒙古财经学院的 www 服务器 IP 地址是 211.82. 168.8,对应域名地址为 www.imfec.edu.cnc。域名地址的信息存放在一个叫域名服务器(Domain Name Server,DNS)的主机上,通常使用者只需了解记忆其域名地址,对应转换工作由服务器 DNS 上的域名系统来完成。

域名地址是由一些有意义的字符表示的,最右边的部分为顶层域名,最左边的则为主机名称。一般域名地址可表示为:主机名.单位名.网络名.顶层域名。

根据 Internet 国际特别委员会(IAHC)的报告,将顶层域名定义为两类:组织域名和地理域名。组织域名指明了该域名所表示机构的性质,地理域名指明了该域名所表示的国家或地区,一般用两个字符表示,如:组织域名 com 表示商业机构,edu 表示教育机构;地理域名 cn 表示中国,uk 表示英国。

4. 统一资源定位器

统一资源定位器,又称 URL(Uniform Resource Locator),是专为标识 Internet 网上资源位置而设的一种编址方式,平时所说的网页地址指的即是 URL 地址,它一般由 3 部分组成,格式如下:

传输协议://主机 IP 地址或域名地址/资源所在路径/文件名

例如,http://news.cn.yahoo.com/cn/cn_local/list.html 是个 URL,这里 http 指超文本传输协议,news.cn.yahoo.com 是其 web 服务器域名地址,cn/cn_local 是网页所在路径,list.html 才是相应的网页文件。http://news.cn.yahoo.com/cn/cn_local/list.html 和 http://news.cn.yahoo.com/worldl/list.html 两个 URL 地址,其域名地址是一样的,也就是说一个服务器上的不同路径下的资源。

6.3　Internet 应用

6.3.1　浏览器的使用

1. 快速输入地址的方法

在 IE 浏览器的地址栏中输入某个单词,然后按 Ctrl＋Enter 组合键在单词的两端自动添加 http://www. 和.com 并且自动开始浏览,比如在地址栏中输入 baidu 并且按 Ctrl＋Enter 组合键时,IE 将自动打开浏览 http://www.baidu.com。

2. 停止、刷新、返回主页

如果感觉网页打开的速度太慢或不想打开此网页,可以单击 IE 工具栏上的"停止"按钮,停止网页传输;如果因传输出错网页无法正常显示,或想获得网页上的最新数据,可单击工具栏上的"刷新"按钮;如果想返回启动 IE 时显示的网页,则单击工具栏上的"主页"按钮。

3. 快速浏览网页

单击 IE"标准按钮"工具栏上的"前进"或"后退"按钮旁边的小箭头,此时系统就会将用户此次浏览操作中浏览过的所有页面列表名称显示出来,只需从中选择某个网页的名称,IE 就会快速前进和后退到该网页,用户也可以单击任务栏中系统显示的网页名切换当前网页。

4. 保存当前网页

【案例 1】使用 IE 的文件保存功能,保存当前网页的文字内容或全部内容包括图像、框架和样式等。

(1)打开将要保存的网页。单击"文件另存为"命令,进入到"保存网页"对话框。

(2)在"保存在"下拉列表框中选择用来保存网页的文件夹,在"文件名"文本框中输入要保存的文件名,在"保存类型"下拉列表框中选择网页的保存类型。

(3)单击"保存"按钮。

5. 保存网页中的文本

【案例 2】保存网页中的文字资料。

(1)选中要保存的文本,然后右击鼠标,从弹出的快捷菜单中选择"复制"(或Ctrl+C 组合键)。

(2)启动 Word 或其他文字处理器,新建一个空白文档,单击常用工具栏中的"粘贴"按钮(或 Ctrl+V 组合键),可实现网页中的文字复制到文字处理文档中,保存该文档即可。

6. 保存网页中的图片

【案例 3】将网页中的图片保存为图片文件。

(1)将鼠标指针移到图片上,并右击,弹出快捷菜单。

(2)选择"图片另存为"选项,则弹出"保存图片"对话框。

(3)选择保存文件的位置、文件名和文件类型后,单击"保存"按钮即可。

提示:IE 的拖动技术已经融合到整个系统中,可以任意将网页中的内容(图片、超级链接等)拖到其他应用程序中,如 Word、Front Page 等应用程序中。对制作网页特别有效,当在网上看到感兴趣的图片,只需把图片拖到编辑页面中即可。对于Word 等编辑软件也是一样,若将图片拖到 Word 中,一幅图像就嵌入到了文档中。

7. 收藏常用的网址

【案例 4】将网址 http://news. baidu. com 添加到收藏夹中,并在收藏夹中为其命名。

(1)在 IE 地址栏中输入 http://news. baidu. com。

（2）单击"收藏夹"菜单，选择"添加到收藏夹"命令，则打开"添加到收藏夹"对话框。

（3）在"名称"文本框中输入要添加到收藏夹的网页名称（如"百度新闻"）。

（4）单击"新建文件夹"按钮，输入新文件夹名（如"新闻"），单击"创建"按钮。

（5）此时，收藏夹下增添了一个文件夹"新闻"，并处于打开状态，单击"添加"按钮，则将当前网址添加到指定的文件夹中。

（6）下次访问时只要单击"收藏夹"菜单，指向"新闻"文件夹，选择相应网页名称则打开此网页，如图 6-17 所示。如果想要在收藏夹上快捷地新增网址，则可以按 Ctrl＋D 组合键。

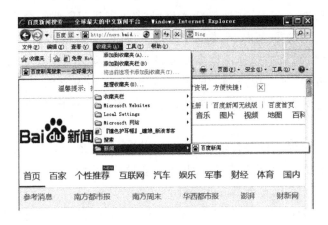

图 6-17　收藏夹

8. 查看访问过的历史网页

IE 浏览器提供了"历史记录"功能，它记录了一段时间内访问过的所有网站，在每一个网站中浏览的网页都被收集在不同的文件夹中。这样就可以利用它的脱机浏览功能在没有连接 Internet 的情况下查看这些历史信息，从而提高了上网效率。

【案例 5】查看访问过的历史网页。

（1）在脱机状态下启动 IE，选择"文件"菜单的"脱机工作"命令，激活 IE 的脱机浏览功能。

（2）单击快捷工具条上的"历史"按钮，单击"历史记录"选项卡。

（3）"历史记录"窗口将用户最近浏览过的网址按时间顺序显示出来，可以从中选择某个以前已经查看过的网址，这样 IE 就会在脱机状态下将相应网页内容显示出来。

6.3.2　IE 浏览器的设置

1. 设置 IE 主页

主页是每次打开 IE 浏览器时自动显示的 web 页。最好将主页设置为需要频繁查看的 web 页,或者设置为可供快速访问所需信息的自定义站点。

【**案例 6**】将 IE 浏览器的主页设置为 www. baidu. com。

(1) 打开要设置为主页的网页,www. baidu. com。

(2) 单击"工具"菜单,选择"Internet 选项"命令。

(3) 在"常规"选项卡的"主页"选项区域,单击"使用当前页"按钮,则"地址"文本框中出现当前网页地址,如 www. baidu. com。

(4) 单击"确定"按钮完成设置。

2. 合理使用 Internet 临时文件

IE 浏览器的临时文件夹其实是可以提高网页浏览速度和提高网页浏览稳定性的一个有用功能。在 IE 地址栏输入网址并回车后,IE 首先会在用户的硬盘中寻找与该网址对应的网页内容,如果找到就把该网页的内容调出,显示在浏览窗口,然后再连接到网站的服务器读取更新的内容,并显示出来。如果找不到,IE 才直接去连接服务器,下载服务器上的网页内容,显示在浏览窗口的同时,把该网页的内容保存在计算机的硬盘上。临时文件夹其实是服务器和 IE 显示窗口的一个中转站。

IE 浏览器的临时文件夹在默认情况下是保存在系统盘里的,由于时间长了,收集的网页信息多了,占用了系统盘空间,可能会导致速度下降。

【**案例 7**】优化 IE 浏览器的临时文件夹。

(1) 打开 IE 浏览器窗口的"工具"菜单,单击"Internet 选项",选择"常规"选项。

(2) 在"Internet 临时文件"选项区域中,单击"设置"按钮,系统弹出"设置"对话框。

(3) 在"设置"对话框中,可以改变临时文件的存储空间大小,以及存放临时文件的文件夹所在的位置。

提示:拖动"使用的磁盘空间"下的滑块可以更改 IE 临时文件夹可以使用的磁盘空间,该值设得越大,浏览的速度就越快,但是这也是有一定限度的。同时为了减少对系统盘的占用,可以改变临时文件夹的存放位置。单击"移动文件夹"按钮,系统弹出"浏览文件夹"对话框,选择一个合适的位置单击"确定"按钮,然后重新启动计算机就可以了。

3. 设置历史记录的保存时间

通过历史记录可以查看到浏览器在过去的一段时间内访问过的站点,值得注意的是历史记录是有限的,不可能无限制的记录所有访问过的站点,用户可以设置这个期限,当超过这个限制时系统将自动删除记录。

【**案例 8**】清除 IE 浏览器的历史记录。

(1) 打开 IE 浏览器窗口的"工具"菜单,单击"Internet 选项",选择"常规"选项卡。

（2）在"历史记录"选项区域中,可以输入网页保存在历史记录中的天数。

（3）如果用户要删除以往的所有历史记录,则单击"删除历史记录"按钮即可。

4.加快网页的下载速度

在默认情况下,打开一个网页时,网页上的图片、动画、声音和视频等多媒体信息都会被载入,这样载入的速度会很慢。实际上在网上查找的信息往往以文字形式存在,因此相对来说其他多媒体信息显得不是十分重要。如果想要加快网页的下载速度,可将这些多媒体信息禁止,需要时可以再显示它。

【案例 9】禁止打开网页上的多媒体信息。

（1）打开浏览器窗口的"工具"菜单,单击"Internet 选项",选择"高级"选项卡,如图 6-18 所示。

图 6-18　设置多媒体

（2）在"设置"选项区域中找到"多媒体",取消选中多媒体相关选项前的复选框,单击"确定"按钮,这样就完成了需要的设置。

提示:在 IE 浏览器的地址栏中输入一个网址,打开的速度会变快。如果需要查看某些多媒体信息,可以在相应对象的图标上右击,从弹出的快捷菜单中选择相应的播放或显示命令,就可以再次播放和显示它们了。

6.3.3　使用搜索引擎检索信息

1.搜索引擎的概念

搜索引擎是一个提供信息检索服务的网站,它使用某些程序对互联网上的信息资源进行搜集、整理、归类以帮助人们在茫茫网海中搜寻到所需要的信息。

搜索引擎按其工作方式主要分为全文搜索引擎、目录索引引擎、元搜索引擎 3 种。另外,搜索引擎还有几种非主流形式:集合式搜索引擎、门户搜索引擎、免费链接列表等。

2.常用搜索引擎简介

随着网络信息呈几何级数增长,用户获取有用的信息变得越来越困难。搜索引擎是日常获取网络信息的常用工具,它对迅速筛选所需信息起到很重要的作用。如今世界上的搜索引擎数以万计,因此选择合适的搜索引擎就成为重中之重。

1) 谷歌 Google

斯坦福大学博士生 Larry Page 与 Sergey Brin 于 1998 年 9 月开发了 Google 搜索引擎,1999 年创立了 Google Inc.,它是目前世界上最大的搜索引擎之一。网易、雅虎、netscape、Deja 等全球 130 多家公司采用 Google 搜索引擎,目前各大引擎竞相模仿 Google 的功能和特色,如网页快照、偏好设置等。而且 Google 搜索引擎的技术发展很快,经常有更新的技术诞生。Google 的搜索相关性高,高级搜索语法丰富,提供 Google 工具条,属于全文(Full Text)搜索引擎。

注意:由于各种原因,2010 年 3 月 23 日 Google 正式宣布关闭 google. cn,停止了在 google. cn 搜索服务上的自我审查,包括 Google Search(网页搜索)、Google News(资讯搜索)和 Google Images(图片搜索)。Google. cn 域名重定向到 google. com. hk。谷歌公司称打算继续在中国的研发工作,并还将保留在中国的销售业务。

2) 百度(http://www. baidu. com)

百度公司由李彦宏、徐勇等于 1999 年底成立于美国硅谷。百度是目前国内技术水平最高的全文搜索引擎,在中文搜索支持方面有些地方甚至超过了 Google。中国所有提供搜索引擎的门户网站中,超过 80%以上都由百度提供搜索引擎技术支持,提供搜狐、新浪、263、Tom、腾讯、上海热线、新华网等站点的网页搜索服务。

注意:2009 年中国搜索引擎市场规模达 69.6 亿元,网页搜索请求量规模为 2033.8 亿次,营收方面,百度、谷歌二者营收份额之和为 96.2%;流量方面,百度、谷歌网页搜索请求量份额之和达 94.9%,基本垄断中国搜索引擎市场。

【**案例 10**】使用 Google 搜索引擎来查找有关"搜索引擎使用方法"的信息。

(1) 在 IE 浏览器的地址栏中输入"http://www. google. com. hk/"则进入 Google 的首页。

(2) 在关键词栏内输入关键字"搜索引擎使用方法入门",这样就会搜到大量有关信息。

提示:输入关键字时如果加双引号,则关键字不会被拆开,也就是说查询结果中都包含有"搜索引擎使用方法入门",找到这样的查询结果约 512 项;如果不带双引号输入,则关键字会被拆开,也就是说可能找到包含有"搜索引擎""使用方法""搜索入门""方法入门""使用""方法"等的查询结果,找到这样的查询结果约 415000 项。

6.3.4 电子邮件

电子邮件是 Internet 上使用得最广泛的一种服务,是 Internet 最重要、最基本的应用。它可以发送和接收文字、图像、声音等多种媒体的信息。世界各地的人们通过电子邮件联系在一起,互相传递信息,进行网上交流。现在电子邮件已经成为人们互通信息的一种常用方式,是快速的电话通信与邮政结合的通信手段。

【案例 11】在网易网站上申请免费电子信箱。

(1) 在 IE 浏览器地址栏输入 http://www.163.com,打开网易首页。单击"注册免费邮箱",打开如图 6-19 所示的注册邮箱界面。

图 6-19　网易电子邮箱注册界面

(2) 根据页面的提示填写用户名、密码和个人资料等,具体的操作步骤省略。

(3) 完成个人信息的设置后,单击"注册账号"按钮,则打开申请成功的提示。

提示:有时候在申请注册免费邮箱时,不会成功,很可能是因为所申请的用户名已经被别人申请过,所以需要重新返回再以新的用户名申请。

6.4　计算机病毒与信息安全的基本概念

随着计算机应用的推广和普及,国内外软件的大量流行,计算机病毒的滋扰也愈加频繁,这些病毒还在继续蔓延,对计算机系统的正常运行造成严重威胁。为了保证计算机系统的正常运行和数据的安全性,防止病毒的破坏,计算机安全问题已受到日益广泛的关注和重视。计算机病毒不单单是计算机学术问题,还是一个严重的社会问题。因此,广大的计算机管理人员和应用人员不但要了解和掌握计算机知识,同时也应加深对计算机病毒的了解,掌握一些必要的计算机防毒、杀毒方法。

6.4.1　计算机病毒概述

计算机病毒是一种最为神奇的人类智慧的结晶,它像一个幽灵在计算机世界里游荡。每次计算机病毒流行的时候,都可以看到反病毒厂商门庭若市,产品销售十分火爆,厂商们自然是高兴不已,因为平时难得有人想到买这个,用户们则是一方面咒骂病毒,另一方面爽快地从腰包里拿出钱来购买反病毒产品。

另外,病毒技术的进步,也促进了反病毒技术的提高,这也未尝不是一件好事,反病毒总是要落后于病毒的,如果有公司说能保证他们的用户不受(新)病毒的侵袭,纯粹是自欺欺人。当然,作为用户来说,充分认识计算机病毒,防止计算机病毒出现在自己的计算机中,或当它们出现时能以最快速度最彻底地消灭它,则是非常重要的。

1.计算机病毒的产生

计算机病毒究竟是如何产生的呢?一般来自玩笑与恶作剧、报复心理、版权保护等方面。某些爱好计算机并对计算机技术精通的人为了炫耀自己的高超技术和智慧,凭借对软硬件的深入了解,编制一些特殊的程序。这些程序通过载体传播出去以后,在一定的条件下被触发,如显示一些动画,播放一段音乐,或是一些智力问答题目等,其目的无非是自我表现一下。这类病毒一般都是良性的,不会有破坏操作。

在现实社会中总有一些人对社会不满或有不健康的心理问题。如果这种情况发生在一个编程高手身上,那么他有可能编制一些危险的程序。例如,国外有这样的事例:某公司职员在职期间编制了一段代码隐藏在公司的系统中,一旦检测到他的名字在工资报表中删除,该程序立即发作,破坏整个系统。

在计算机发展初期,由于在法律上对于软件版权保护还没有像今天这样完善,很多商业软件被非法复制。有些开发商、软件公司及用户为保护自己的软件不被非法复制而采取了报复性惩罚措施,在产品中制作了一些特殊程序,蓄意进行破坏。此外,还有一些用于研究或有益目的而设计的程序,由于某种原因失去控制产生了意想不到的效果。这些都是计算机病毒产生的原因。

2.计算机病毒的表现形式

1) 硬盘无法启动,数据丢失

如果硬盘的引导扇区被计算机病毒破坏后,就无法从硬盘启动系统了。有些病毒修改了硬盘的关键内容(如文件分配表、根目录区等),使得原先保存在硬盘上的数据几乎完全丢失。

2) 系统文件丢失或被破坏

通常系统文件是不会被删除或修改的,除非操作系统进行了升级。但是某些计算机病毒发作时删除或者破坏了系统文件,使得以后无法正常启动计算机系统。通常容易受攻击的系统文件包括 Command. com、Emm386. exe、Win. com、Kernel. exe和 User. exe 等。

3) 部分文档丢失或被破坏

类似系统文件的丢失或被破坏,有些计算机病毒在发作时会删除或破坏硬盘上的文档,造成数据丢失。

4) 修改 Autoexec. bat 文件

导致计算机重新启动时格式化硬盘等严重后果。在计算机系统稳定工作后,一般很少会有用户去注意 Autoexec. bat 文件的变化,但是这个文件在每次系统重新启动的时候都会被自动运行,计算机病毒修改这个文件从而达到破坏系统的目的。

5) 使部分 BIOS 程序混乱,主板被破坏

类似 CIH 计算机病毒发作后的现象,系统主板上的 BIOS 被计算机病毒改写、破坏,使得系统主板无法正常工作,从而使计算机系统报废。

6) 网络瘫痪,无法提供正常的服务

某些计算机病毒可破坏网络系统,造成网络通信中断。

如上所述,可以了解到防杀计算机病毒的软件必须要实时化,在计算机病毒进入系统时要立即报警并清除,这样才能确保系统安全,待计算机病毒发作后再去杀毒,实际上为时已晚。计算机病毒是一种人为制造的、在计算机运行中对计算机信息或系统起破坏作用的程序。这种程序不是独立存在的,它隐藏在其他可执行的程序之中,既有破坏性,又有传染性和潜伏性。轻则影响机器运行速度,使机器不能正常运行;重则使机器处于瘫痪,会给用户带来不可估量的损失。通常就把这种具有破坏作用的程序称为计算机病毒。

6.4.2　计算机病毒的定义及特点

计算机病毒是一个程序,一段可执行代码。就像生物病毒一样,计算机病毒有独特的复制能力。计算机病毒可以很快地蔓延,又常常难以根除。它们能把自身附着在各种类型的文件上。当染毒文件被复制或从一个用户传送到另一个用户时,它们就随同该文件一起蔓延开来。

1. 计算机病毒定义

所谓的计算机病毒是一种在计算机系统运行过程中,能把自身精确复制或有修改地复制到其他程序内的程序。它隐藏在计算机数据资源中,利用系统资源进行繁殖,并破坏或干扰计算机系统的正常运行。由于计算机病毒是人为设计的程序,这些程序隐藏在计算机系统中,通过自我复制来传播,满足一定条件即被激活,从而给计算机系统造成一定损害甚至严重破坏。这种程序的活动方式与生物学中的病毒相似,所以被称为计算机"病毒"。

在 1994 年 2 月 18 日,我国正式颁布实施了《中华人民共和国计算机信息系统安全保护条例》,在第二十八条中明确指出:"计算机病毒,是指编制或在计算机程序中插入的破坏计算机功能或者毁坏数据,影响计算机使用,并能自我复制的一组计算机指令或者程序代码。"此定义对计算机病毒有了明确的说法,并具有法律性、权威性。

2. 计算机病毒的特点

计算机病毒是客观存在的。客观存在的事物总有它的特性,计算机病毒也不例外。从实质上说,计算机病毒是一段程序代码,虽然它可能隐藏得很好,但也会留下许多痕迹。通过对这些蛛丝马迹的判别,人们就能发现计算机病毒的存在了。

计算机病毒通常具有如下主要特点:

1）传染性

传染性是病毒的基本特征。计算机病毒会通过各种渠道从已被感染的计算机扩散到未被感染的计算机，在某些情况下造成被感染的计算机工作失常甚至瘫痪。只要一台计算机染毒，如不及时处理，那么病毒会在这台机子上迅速扩散，其中的大量文件（一般是可执行文件）会被感染。而被感染的文件又成了新的传染源，再与其他机器进行数据交换或通过网络接触，病毒会继续进行传染。计算机病毒可通过各种可能的渠道，如邮件、计算机网络等传染其他的计算机。

2）隐蔽性

计算机病毒在传染和破坏过程中具有隐蔽性，它是在"合法"外衣下非授权加载到被感染对象。病毒一般是具有很高编程技巧、短小精悍的程序。通常附在正常程序中或磁盘较隐蔽的地方，也有个别的以隐含文件形式出现，目的是不让用户发现它的存在。正是由于隐蔽性，计算机病毒得以在用户没有察觉的情况下扩散到上百万台计算机中。

3）潜伏性

计算机病毒具有依附于其他媒体而寄生的能力，这种媒体我们称为计算机病毒的宿主。依靠病毒的寄生能力，病毒传染合法的程序和系统后，一般不会马上发作，它可长期隐藏在系统中，只有在满足其特定条件时才启动运行进行广泛地传播，给计算机带来不良的影响，甚至危害。病毒的潜伏性越好，它在系统中存在的时间也就越长，病毒传染的范围也越广，其危害性也越大。

4）破坏性

任何病毒只要侵入系统，都会对系统及应用程序产生程度不同的影响。计算机病毒的破坏性主要有两个方面：一是占用系统的时间、空间资源；二是干扰或破坏系统的运行、破坏或删除程序或数据文件。严重的可使计算机软硬件系统崩溃。

5）针对性

计算机病毒是针对特定的计算机和特定的操作系统的。一种计算机病毒并不能传染所有的计算机系统或程序，通常病毒的设计具有一定的针对性。例如，有针对IBM PC 及其兼容机的、有针对 Apple 公司的 Macintosh 的、有针对 UNIX 操作系统的、有传染 COMMAND. COM 文件的、有传染扩展名为 COM 或 EXE 文件的病毒等。

6.4.3　计算机病毒检测与清除

计算机病毒防治的关键是做好预防工作，即防患于未然。而预防工作从宏观上讲是一个系统工程，要求全社会来共同努力。对国家来说，应当健全法律、法规来惩治病毒制造者，这样可以减少病毒的产生。从各级单位而言，应当制定出一套具体措施，以防止病毒的相互传播。从个人角度来说，每个人不仅要遵守病毒防治的有关规定,还应不断增长知识,积累防治病毒的经验,不仅不能成为病毒的制造者,而且也不要成为病毒的传播者。在与病毒的对抗中,及早发现病毒很重要。早发现、早处置,可以减少损失。

1.计算机病毒的检测

计算机病毒的检测通常采用手工检测和自动检测两种方法。

手工检测是指通过一些软件工具提供的功能进行病毒的检测。这种方法比较复杂,需要检测者熟悉机器指令和操作系统,因而无法普及。它的基本过程是利用一些工具软件,对易遭病毒修改的内存及磁盘的有关部分进行检测,通过与正常情况下的状态进行对比分析,判断是否被病毒感染。用这种方法检测病毒,费时费力,但可以剖析新病毒,检测识别未知病毒,可以检测一些自动检测工具不能识别的新病毒。

自动检测是指通过一些诊断软件来识别一个系统或一个磁盘是否含有病毒的方法。自动检测相对比较简单,一般用户都可以进行,但需要有较好的诊断软件。这种方法可以方便地检测大量的病毒,但是,自动检测工具只能识别已知病毒,而且检测工具的发展总是滞后于病毒的发展,所以检测工具对未知病毒不能识别。

2.病毒的清除

如果发现计算机被病毒感染了,则应立即清除掉。用反病毒软件对病毒进行清除是一种较好的方法。

6.4.4 信息安全的基本概念

计算机产业自从 Internet 诞生以来发生了很大的变化,信息共享比过去增加了,信息的获取更公平了,但同时也带来了信息安全问题,因为信息的通道多了,也更加复杂了,所以控制更加困难了。与此同时,高速网络逐步民用化、商用化,也为社会带来了巨大的收益。但是,对于国家军事情报、政府机关的机密文件、企业公司的商业秘密以及个人的隐私等敏感信息,现有的多数系统还不能做到提供足够的安全保护。也就是说,现代计算机信息系统并不安全,它存在很大的不安全性和脆弱性。

1.信息安全的定义

信息安全主要涉及信息存储的安全、信息传输的安全以及对网络传输信息内容的审计 3 方面。从广义来说,凡是涉及信息的完整性、保密性、真实性、可用性和可控性的相关技术和理论都是信息安全所要研究的领域。

因此,所谓信息安全,是指计算机系统本身建立、采取的技术和管理的安全保护措施,以保护计算机系统中的硬件、软件及数据,防止其因偶然或恶意的原因而使系统或信息遭到破坏、更改或泄漏。

2.信息安全的分类

1) 技术安全类

指计算机系统本身实现中,采用具有一定安全性质的硬件、软件来实现对于数据或信息的安全保护,能够在整个系统中,在一定程度甚至完全可以保证系统在无意或恶意的软件及硬件攻击下仍能使得系统内的数据或信息不增加、不丢失、不泄漏。

2)管理安全类

诸如硬件意外故障、场地的意外事故、管理不善导致的数据介质的物理丢失等安全问题,视为管理安全。

3)政策法规类

指有关政府部门建立的一系列与计算机犯罪有关的社会法规。

3.保证信息安全的有效手段——防火墙

防火墙是近期发现的一种保护计算机网络安全的访问控制技术。它是一个用以阻止网络中的黑客访问某个机构网络的屏障,也可称为控制进出两个方向通信的门槛。在网络边界上,通过建立起网络通信监控系统来隔离内部和外部网络,以阻止外部网络的入侵。防火墙是一个位于内部网络与 Internet 之间的计算机或网络设备中的一个功能模块,是按照一定的安全策略建立起来的硬件和软件的有机组成体,其目的是为内部网络或主机提供安全保护,控制谁可以从外部访问内部受保护的对象,谁可以从内部网络访问 Internet,以及相互之间以哪种方式进行访问。为自己的局域网或站点提供隔离保护,是目前采用的一种安全有效的方法,这种方法不只是针对web 服务,对其他服务也同样有效。可以根据网络类型、自身安全等级要求选择适用的防火墙类型,保护计算机系统不受外来的破坏和威胁。

1)防火墙的概念及作用

防火墙的本意原是指古代人们房屋之间修建的那道墙,这道墙可以防止火灾发生的时候蔓延到别的房屋。而这里所说的防火墙当然不是指物理上的防火墙,而是指隔离在本地网络与外界网络之间的一道防御系统,是这一类防范措施的总称。应该说,在互联网上防火墙是一种非常有效的网络安全模型,通过它可以隔离风险区域(即 Internet 或有一定风险的网络)与安全区域(局域网)的连接,同时不会妨碍人们对风险区域的访问。防火墙可以监控进出网络的通信量,从而完成看似不可能的任务;即让安全、核准了的信息进入,同时又抵制对企业构成威胁的数据。随着安全性问题上的失误和缺陷越来越普遍,对网络的入侵不仅来自高超的攻击手段,也有可能来自配置上的低级错误或不合适的口令选择。因此,防火墙是指设置在不同网络(如可信任的企业内部网和不可信的公共网)或网络安全域之间的一系列部件的组合。它是不同网络或网络安全域之间信息的唯一出入口,能根据企业的安全政策控制(允许、拒绝、监测)出入网络的信息流,且本身具有较强的抗攻击能力。它是提供信息安全服务,实现网络和信息安全的基础设施。在逻辑上,防火墙是一个分离器,一个限制器,也是一个分析器,有效地监控了内部网和 Internet 之间的任何活动,保证了内部网络的安全。由此可知,防火墙的作用是防止不希望的、未授权的通信进出被保护的网络,迫使单位强化自己的网络安全政策。

2) 防火墙的基本功能

近年来 Internet 技术逐渐引入到企业网的建设,而形成了 Internet 概念。Internet 是在 LAN 和 WAN 的基础上,基于 TCP/IP 协议,使用 www 工具,采用防止外界侵入的安全措施,为企业内部服务,并连接 Internet 功能的企业内部网络。设置防火墙是 Internet 保护企业内部信息的安全措施。因此,防火墙主要功能如下:

(1) 过滤进出网络的数据。

(2) 管理进出网络的访问行为。

(3) 封堵某些禁止的业务。

(4) 记录通过防火墙的信息内容和活动。

(5) 对网络攻击进行检测和阻止。

3) 防火墙的分类

从不同的角度对防火墙可以有不同的分类,按照防火墙技术根据防范的方式和侧重点的不同可分为包过滤、应用级网关和代理服务器等几大类型;按照防火墙的体系结构可分为屏蔽路由器、双穴主机网关、被屏蔽主机网关和被屏蔽子网等,并可以有不同的组合。

这几种防火墙技术,安全级别越高,成本造价也越大。在实际构造防火墙时,需要考虑已有网络技术、投资资金代价、网络安全级别等各种因素,确定符合实际情况的防火墙方案。

目前,防火墙技术已经引起了人们的注意,随着新技术的发展,混合使用包过滤技术、代理服务技术和其他一些新技术的防火墙正向人们走来。

习　题

一、判断题

1. 在 Internet 上浏览网页时,实际上是进行这样的一个过程:首先是浏览器将需要的文件下载到本地计算机的某个文件夹中,然后再打开这些文件。　　　　　　　　(　　)

2. 计算机之所以可以通过 Internet 互相通信,是因为它们遵循了一套共同的 Internet 协议,这套协议的核心是 TCP/IP。　　　　　　　　　　　　　　　　　　(　　)

3. 使用域名地址的好处是容易记忆。　　　　　　　　　　　　　　　　(　　)

4. 为了加速浏览网页,可屏蔽网页上的多媒体信息。　　　　　　　　　(　　)

5. 若不知道一个网站的域名就不能用浏览器浏览它的资源。　　　　　　(　　)

6. 只要按下 Ctrl+ D 组合键,就可以将网址快速加入收藏夹。　　　　　(　　)

7. 发送电子邮件时,一次只能向一个人发送。　　　　　　　　　　　　(　　)

8. 电子邮件只能传送文本。　　　　　　　　　　　　　　　　　　　　(　　)

二、选择题

1. www 的作用是(   )。

A. 信息浏览   B. 文件传输   C. 收发电子邮件   D. 远程登录

2. 调制解调器(Modem)的功能是实现(   )。

A. 数字信号的编码   B. 模拟信号的放大

C. 模拟信号与数字信号的转换   D. 数字信号的整形

3. 电子邮箱发送系统使用的传输协议是(   )。

A. HTTP   B. SMTP   C. HTML   D. FTP

4. 一个学校组建的计算机网络属于(   )。

A. 城域网   B. 局域网

C. 内部管理网   D. 学校公共信息网

5. 电子信箱地址的格式是(   )。

A. 用户名@主机域名   B. 主机名@用户名

C. 用户名. 主机域名   D. 主机域名. 用户名

6. 计算机网络最显著的特征是(   )。

A. 运算速度快   B. 运算精度高   C. 存储容量大   D. 资源共享

7. 网络中使用的设备 hub 指(   )。

A. 网卡   B. 中继器   C. 集线器   D. 电缆线

8. IP 地址是由(   )位二进制数组成的。

A. 4   B. 12   C. 32   D. 36

9. Internet 采用域名地址是因为(   )。

A. IP 地址不能唯一标识一台主机

B. 一台主机必须用域名地址标识

C. IP 地址不便于记忆

D. 一台主机必须用 IP 地址和域名地址共同标识

10. 在 Internet 域名中,gov 表示(   )。

A. 军事机构   B. 政府机构   C. 教育机构   D. 商业机构

11. 我国于 1994 年 4 月正式联入因特网,在因特网上的最高域名为(   )。

A. . com   B. . edu   C. . cn   D. . gov

12. 用户要上网查询 www 信息,须安装并运行的软件是(   )。

A. HTTP   B. Yahoo   C. 浏览器   D. 万维网

13. 关于保存网上信息,下列说法正确的是(   )。

A. 网上信息无法保存   B. 能将整个网页保存下来

C. 只能保存网上图片信息   D. 只能保存网上文字信息

14. 在 Internet 上,搜索引擎其实也是一个(   )。

A. 网站   B. 操作系统   C. 域名服务器   D. 硬件设备

15. 在地址栏中输入某单词,然后按(   )组合键,单词两端会自动加 www. 和. com。

A. Ctrl+D   B. Ctrl+Enter   C. Ctrl+C   D. Ctrl+V

16.发送电子邮件时,对方没有上网,则该邮件将(　　)。

A.被退回,并不再发送　　　　　　　　B.暂时存放在邮件服务器

C.被退回,再重新发送　　　　　　　　D.丢失

三、简答题

1.网络的拓扑结构分为哪几类?

2.有线传输介质分类有哪些?

3.计算机病毒的定义和特点是什么?

4.比较 TCP/IP 的四层参考模型和 OSI 的七层参考模型。

5.简述防火墙的分类。

四、操作题

1.将 IE 浏览器的主页设置为"百度",并将网上搜索到的"清明节"图片保存到一个文件,命名为"清明节.jpg"。

2.查看 IE 浏览器的历史记录,然后将保存历史记录的天数改为 3 天。

3.建立一个名称为"我的音乐网站"的收藏夹,然后搜索到两个喜欢的音乐网站添加到该收藏夹中,分别起名为"音乐网站一"和"音乐网站二"。

4.在网上搜索一首唐诗,附加在邮件中发给同学。

参 考 文 献

安继芳,李海建.2007.网络安全应用技术.北京:人民邮电出版社

冯博琴.2009.计算机网络应用基础.北京:人民邮电出版社

李艇.2003.计算机网络管理与安全技术.北京:高等教育出版社

廖志芳,杨玺.2009.计算机网络技术与应用.北京:人民邮电出版社

孙振业.2013.计算机应用技术基础教程——操作系统/病毒防治/网络应用.北京:北京希望电子
出版社

王彪,乌英格.2012.大学计算机基础——实用案例驱动教程.北京:清华大学出版社

严耀伟,王方.2009.计算机网络技术及应用.北京:人民邮电出版社

姚一永.2009.操作系统及网络应用技术.北京:电子工业出版社

于萍.2013.大学计算机基础教程.北京:清华大学出版社

袁家政.2002.计算机网络安全与应用技术.北京:清华大学出版社

詹国华,汪明霓,潘红.2009.大学计算机应用基础实验教程.2版.北京:清华大学出版社

赵立群,车亚军,车东升.2008.计算机网络管理与安全.北京:清华大学出版社

钟勤.2009.计算机网络基础与应用.重庆:重庆大学出版社

诸海生,董震.2010.计算机网络应用基础.3版.北京:电子工业出版社